大麦茶
米饭
荞麦面
黑麦面包
黍米团子
扫帚（用高粱穗的主轴部分制成）
啤酒

谷物的智慧

盛口满的手绘自然图鉴

[日]盛口 满 文·图 杨媛 译

中国友谊出版公司

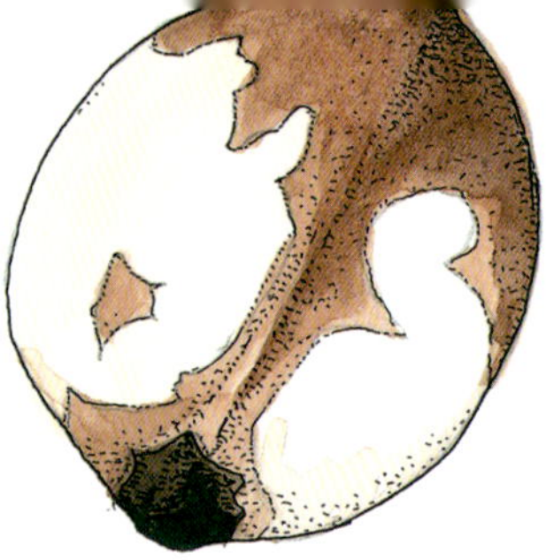

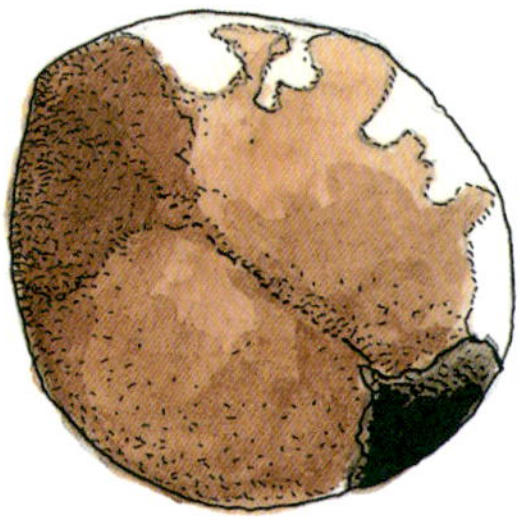

❶

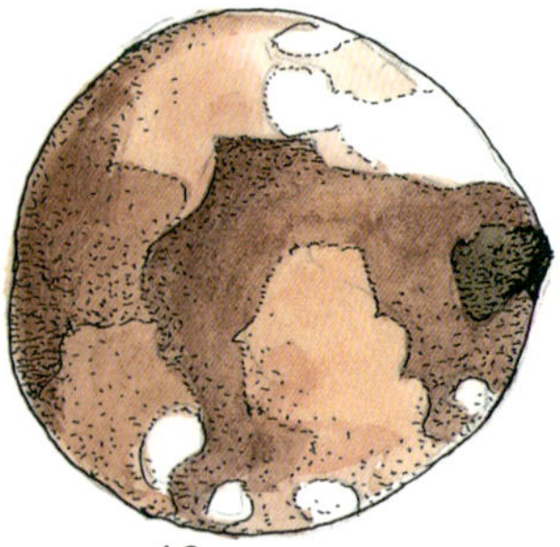

×10

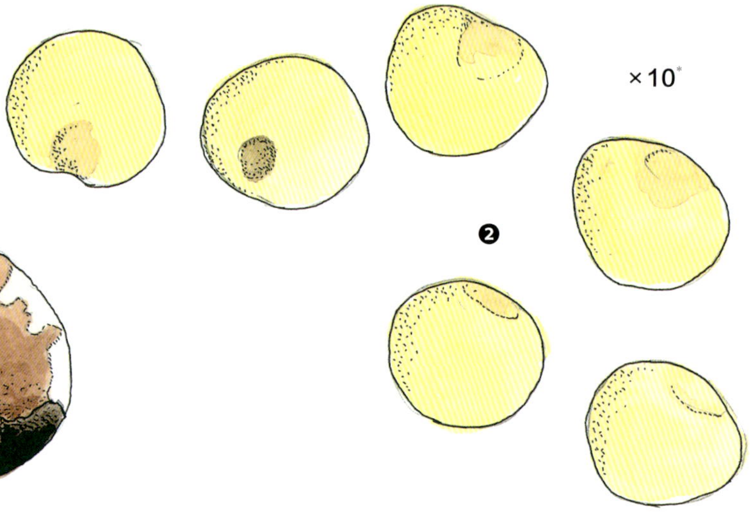

×10*

❷

前言

米饭和面包，你更喜欢哪个？烩面和荞麦面，你觉得哪种更好吃？嗯……或许还有人会回答，我觉得拉面更美味呀。其实，无论是米饭、面包，还是烩面、荞麦面、拉面……它们可都是由那些美味的一个又一个的小颗粒制成的呢！在这一点上，所有的美食殊途同归。

这些美味的“小颗粒”，其实就是我们每天吃的五谷杂粮。就连我们身边的杂草，有些也是这些谷物的“亲朋好友”。在谷物的身上，既体现着它们作为植物与自然息息相关的智慧，又暗含着将它们变为美味食物的人类的智慧。编写这本书，就是为了让你更了解这些谷物哟！

你吃过哪些“小颗粒”

——各种各样的谷物“小颗粒”——

Q. 你知道❶～❾各种谷物的名字吗？答案在63页。

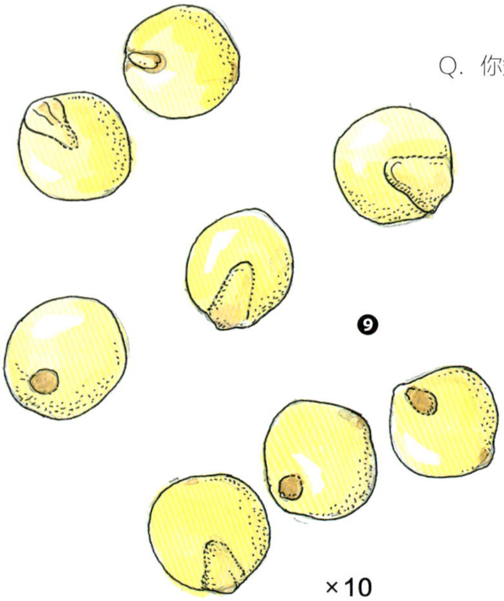

❾

×10

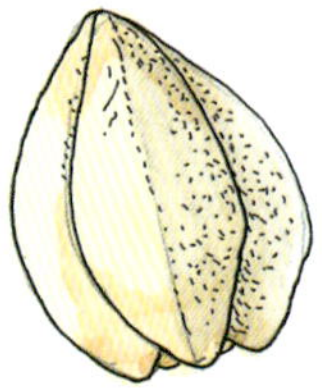

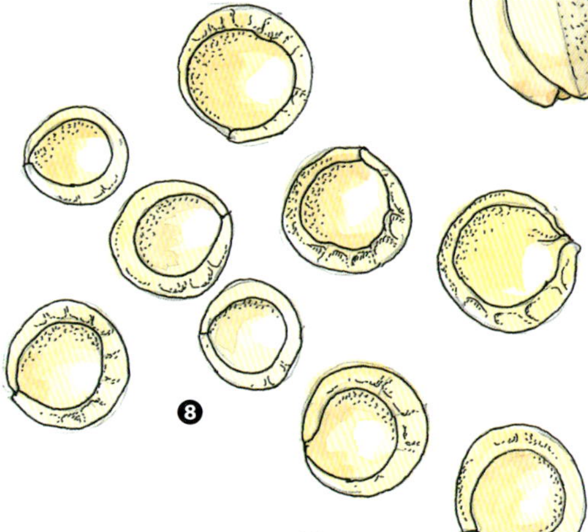

❽

×10

＊编注：“×”后加上数字，表示图片相对实物的放大倍数，如“×10”表示放大10倍。

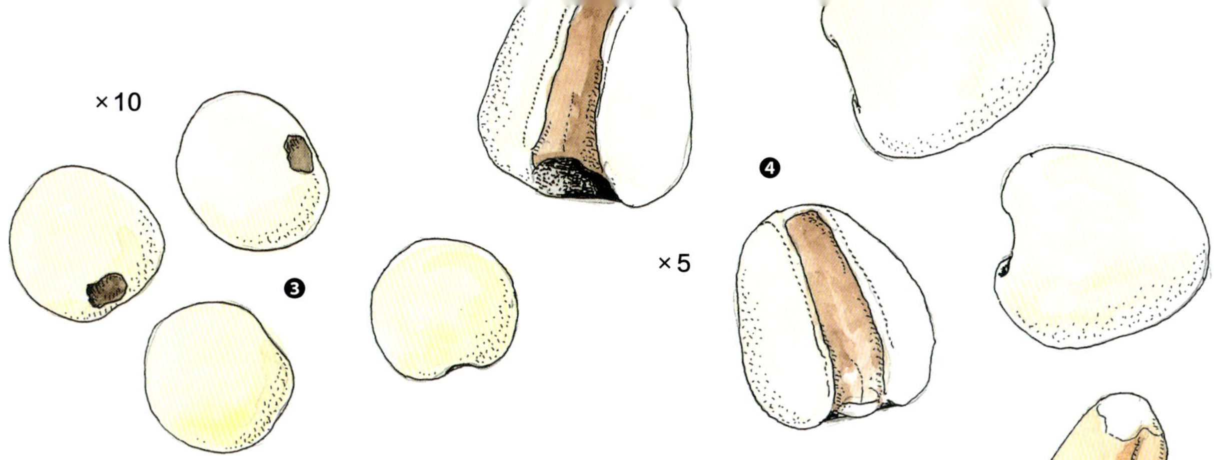
×10
❸
❹
×5

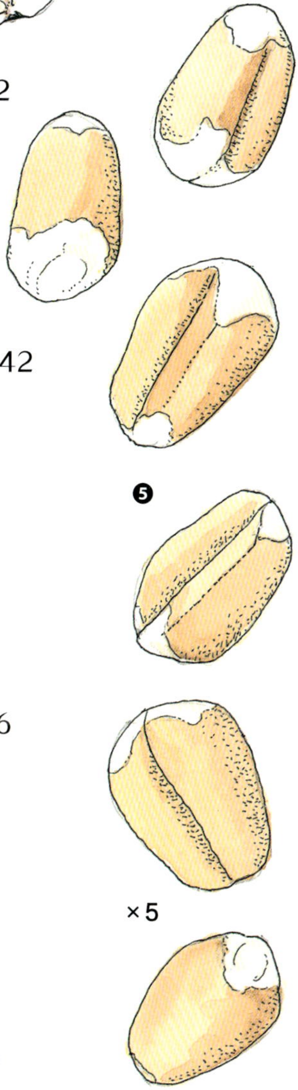
❺
×5

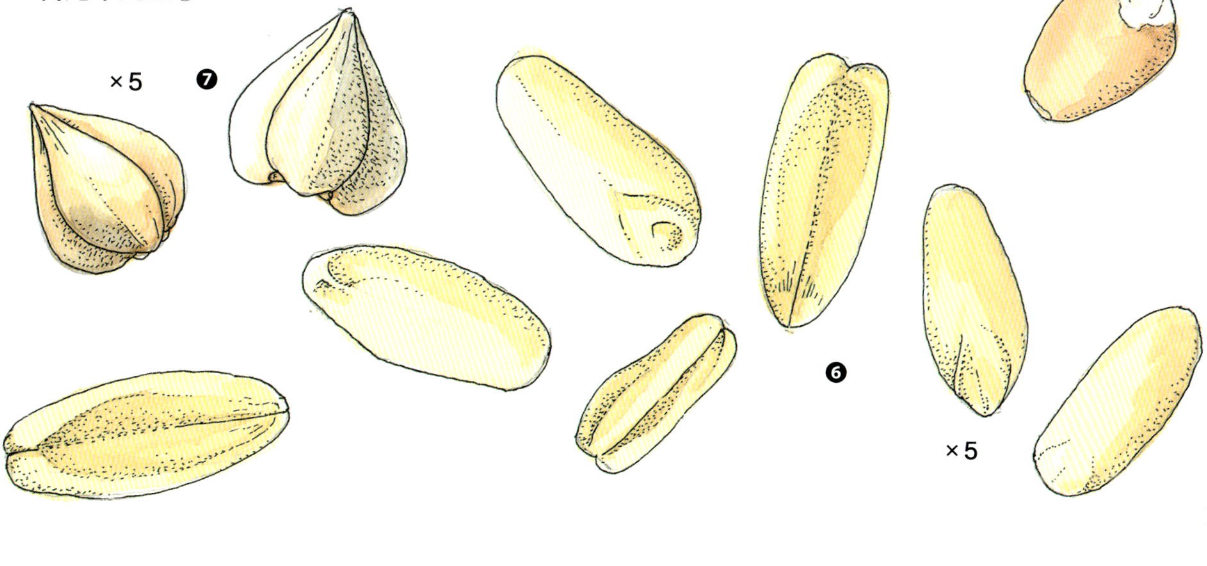
×5
❼
❻
×5

我们每天都在吃的是什么

最能代表谷物的当然是米饭（水稻）啦！

可是你知道吗？其实我们在日常生活中吃过各种各样的“小颗粒”呢，只是你没有注意到罢了！

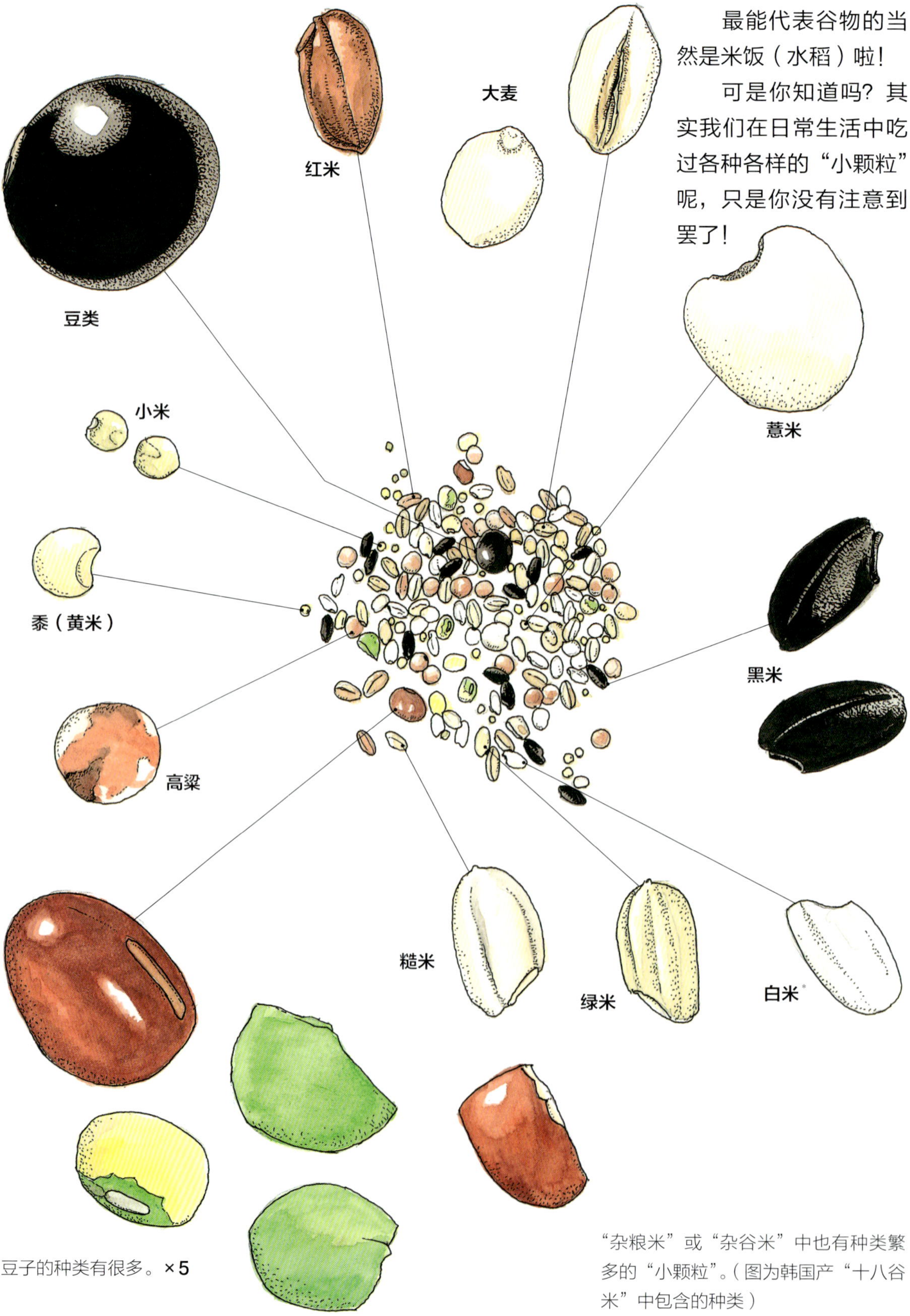

豆子的种类有很多。×5

“杂粮米”或“杂谷米”中也有种类繁多的“小颗粒”。（图为韩国产“十八谷米”中包含的种类）

* 编注：我们平时所称的大米就是指白米。

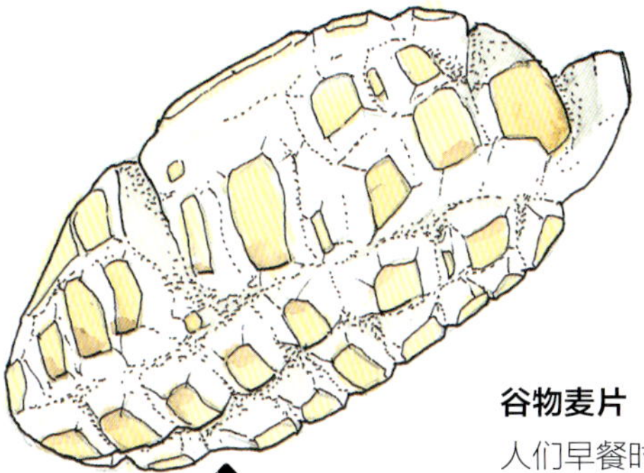

谷物麦片

人们早餐时常吃的谷类加工食品。吃的时候常会搭配水果或坚果。

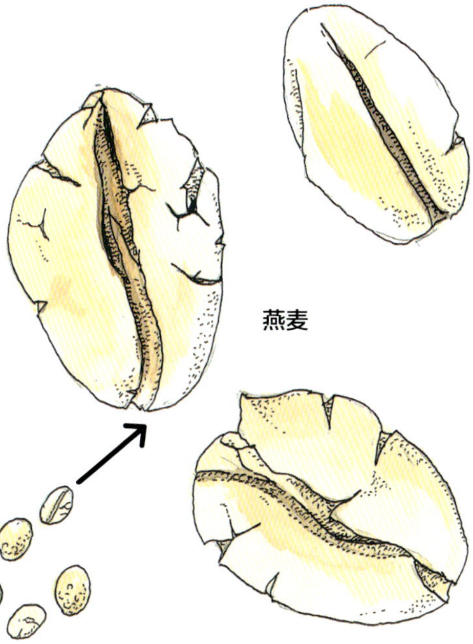

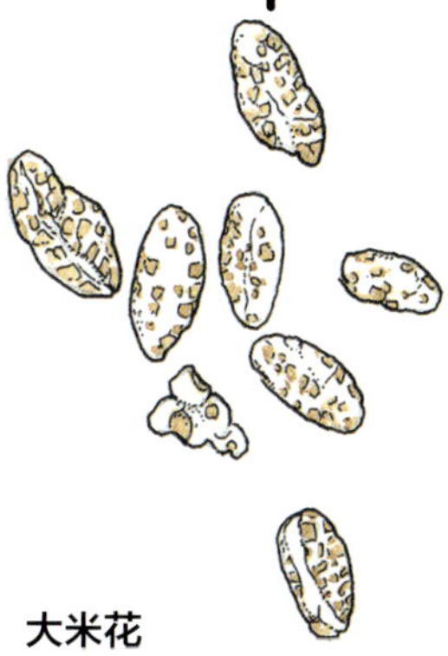

大米花

糙米在高温高压下膨胀爆裂，就变成了好吃的大米花。

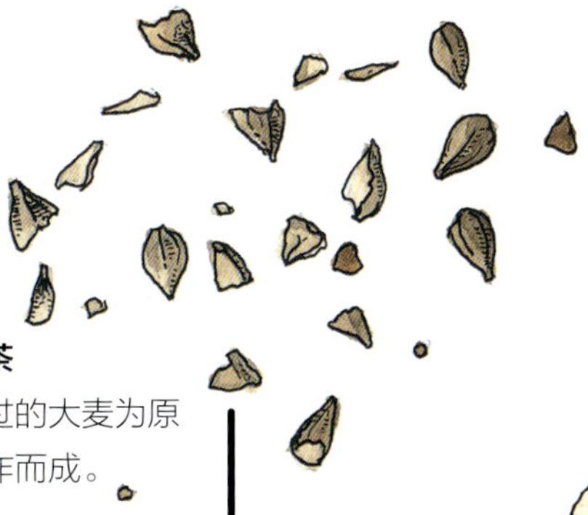

大麦茶

以炒过的大麦为原料制作而成。

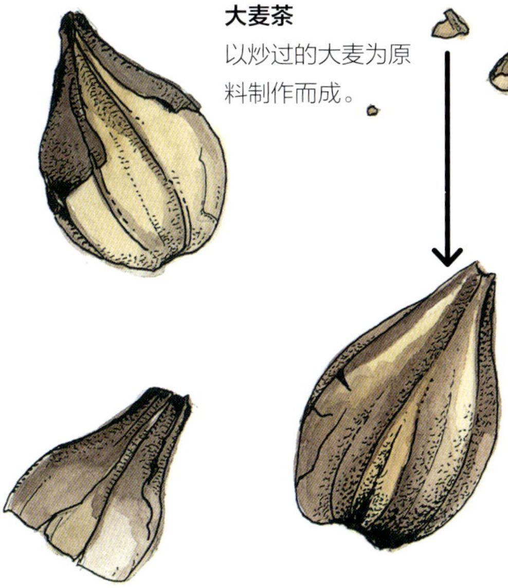

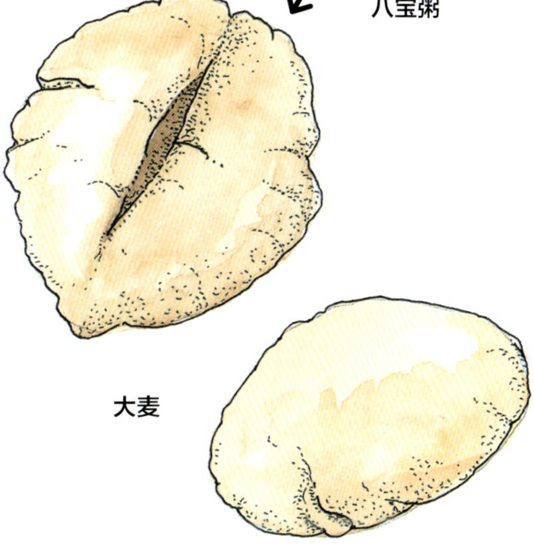

传说中的“小颗粒”

❶

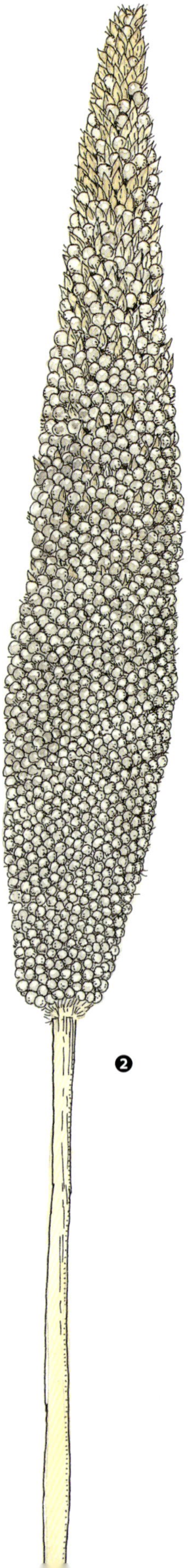

❷

答案

❶ 高粱

❷ 珍珠粟

❸ 紫穗稗

❹ 谷子（粟）

❺ 黍

在“黄粱一梦”的成语故事里，书生一觉醒来，黄粱饭还没熟。那么，你知道故事里的黄粱饭是用什么制成的吗？

“小颗粒”到底是什么

那些美味的“小颗粒”，一般被我们称作谷物，实际上它们是黍或稻等植物的果实。

和苹果核的样子完全不同，这些谷物小颗粒都被坚硬的皮层包裹着。

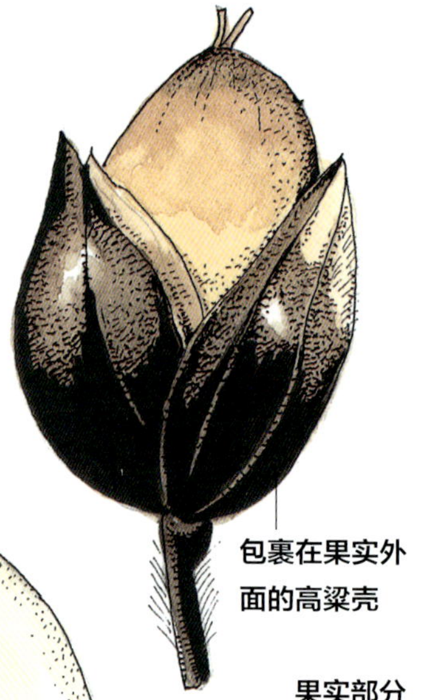

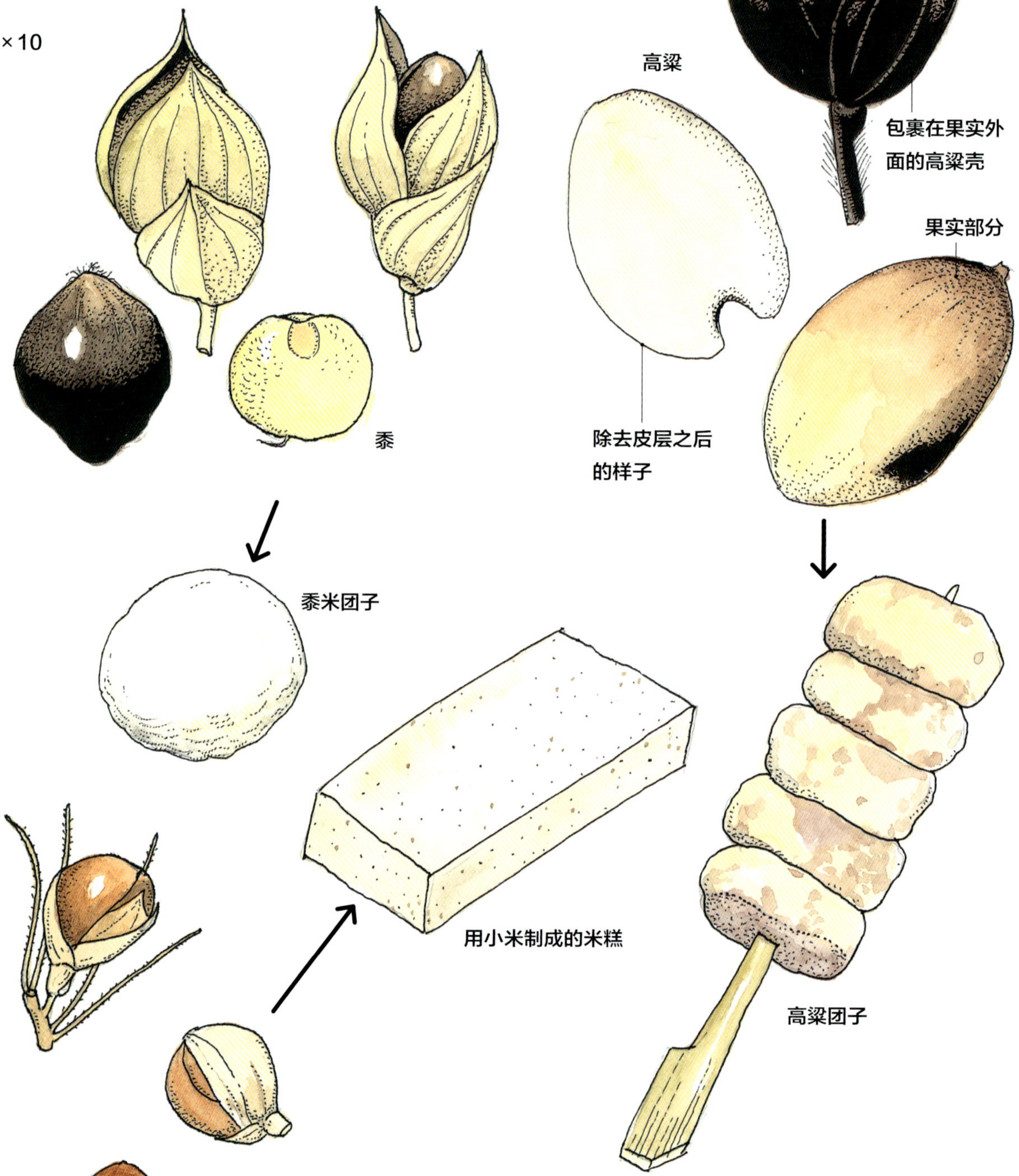

团子，有的是用糯米等黏性强的米的米粉（米研磨、加工而成）制成，也有的是将糯米粉和一些黏性较差的米（如大米）的米粉混合以后制成。

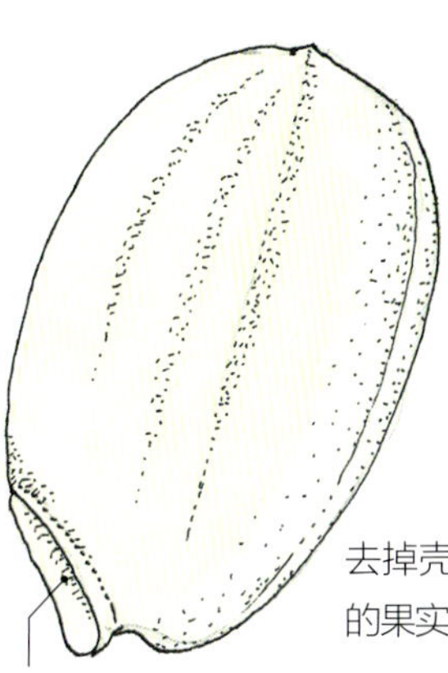

糙米

去掉壳之后的果实部分。

种子出芽的地方

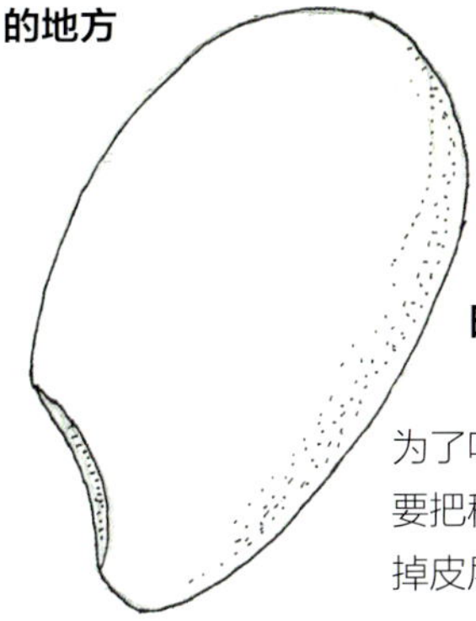

白米

为了吃起来方便，我们要把稻谷加工成这种去掉皮层和胚芽的样子。

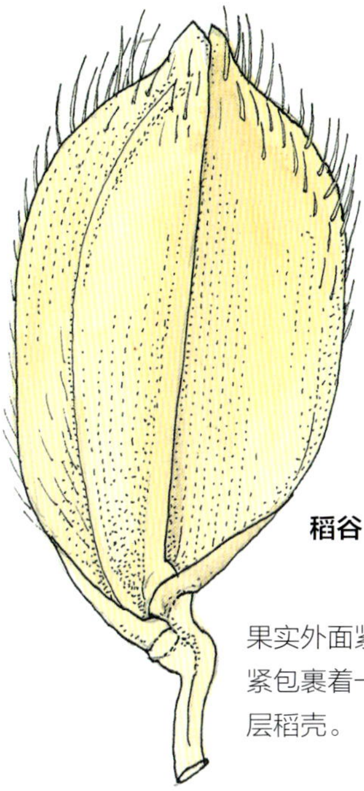

稻谷

果实外面紧紧包裹着一层稻壳。

御手洗团子*

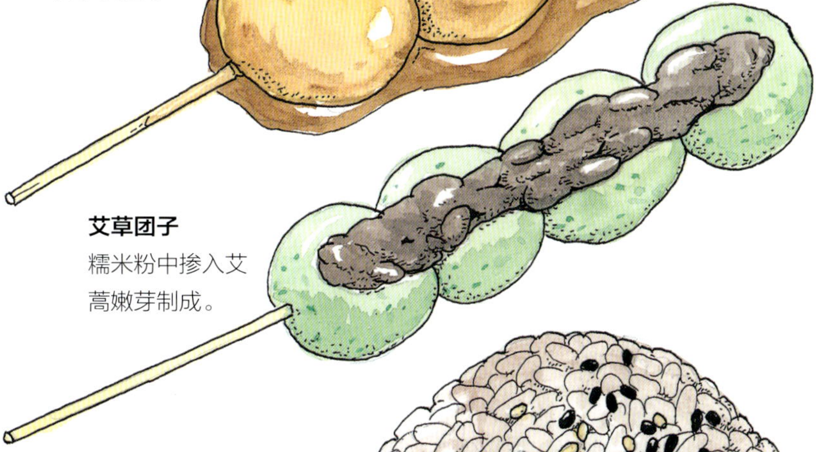

艾草团子

糯米粉中掺入艾蒿嫩芽制成。

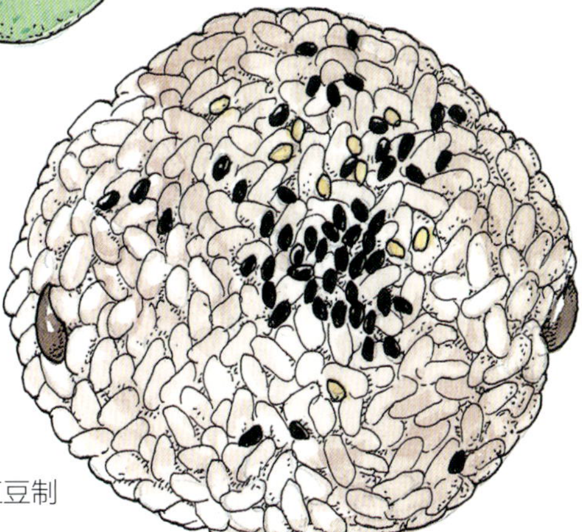

红豆糯米饭

这是用糯米和红豆制成的。

仅仅看水稻的外观，那可无法辨别它是属于粳稻还是属于糯稻。图中所示的就是一种黏性强的糯稻。

水稻

所有的稻属植物都统称为“稻”，以稻米为原材料煮熟的饭就称为米饭啦！

* 译注：御手洗团子是一种日式糯米团子，烤好以后淋上酱汁食用。

稻类图鉴

我们每天所吃的米饭中，那一粒粒的“米”，其实就是稻这类植物的小果实。

但是你知道吗？稻属植物的“小颗粒”可是有着多种多样的形态呢！

野生稻

在很久以前，稻还是一种野生植物。野生稻的果实颗粒生长分布比较稀疏，成熟之后很容易就会从茎上脱落。

*译注：白毛饼、一见钟情、越光、花吹雪、日本晴，这五种水稻均是日本的水稻品种。

稻

稻谷图鉴

野生稻的果实小颗粒上都长着长长的像刺一样的突起，这种细刺被称为“芒”。有了芒的保护，“小颗粒”长在茎上的时候就不那么容易被鸟儿啄食了。同时，有了芒的帮助，当“小颗粒”掉在地上的时候，它们会更容易扎进泥土中生根发芽。

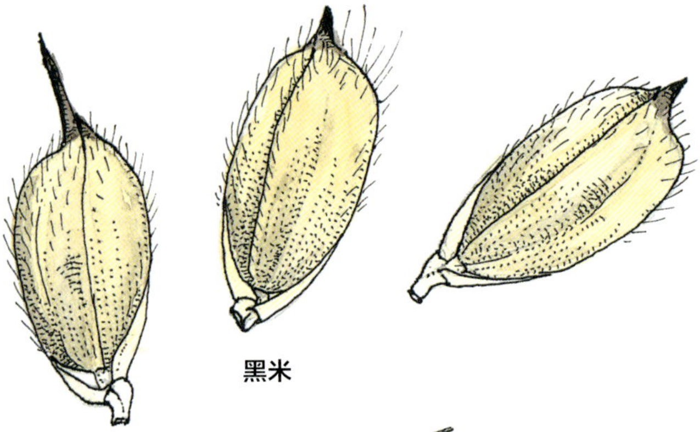

黑米

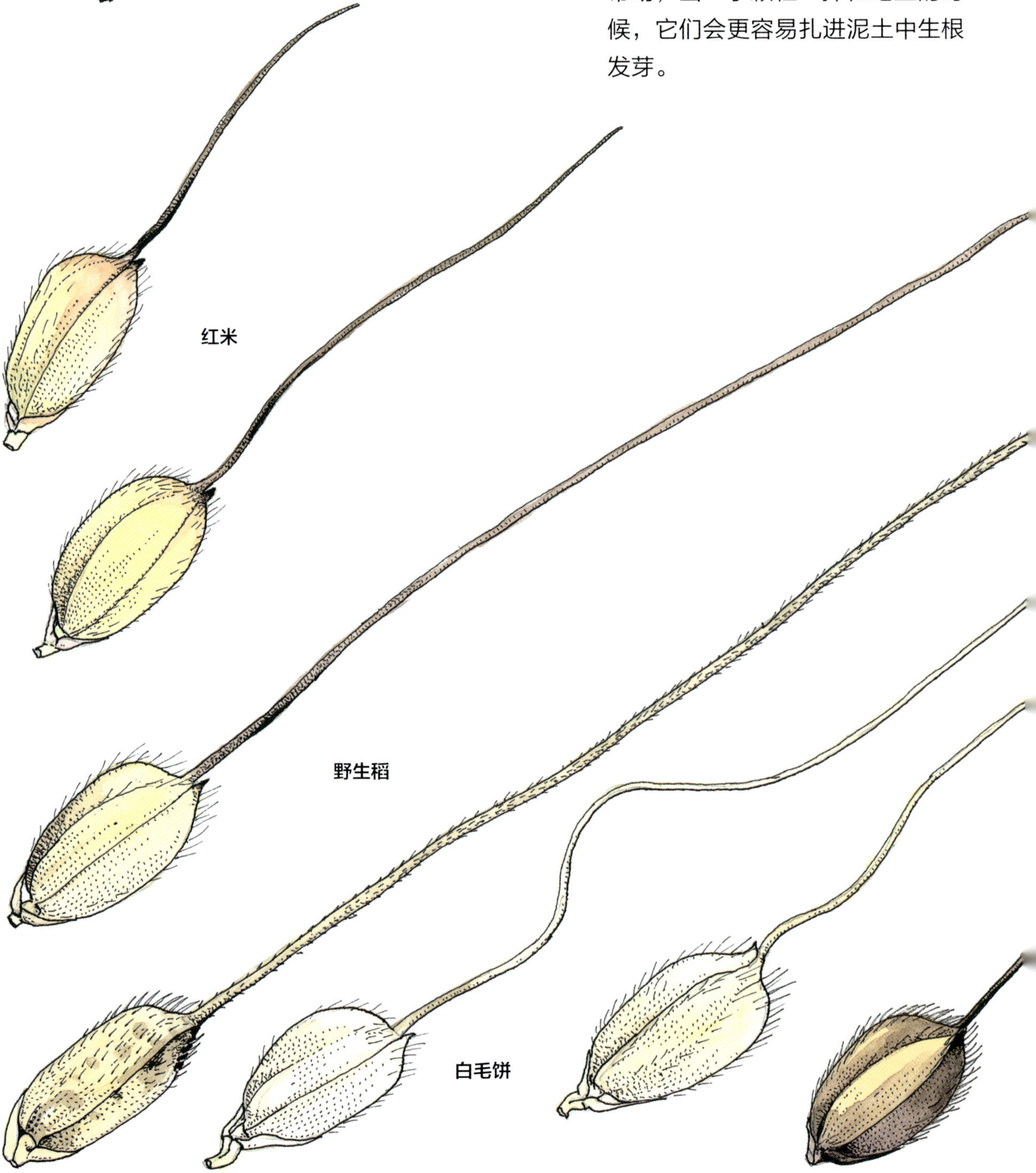

红米

野生稻

白毛饼

随着人类把稻栽培成农作物并把它们种在水田里，稻类的果实小颗粒的样子也逐渐发生了变化。长长的芒变得不再必要了，成熟的“小颗粒”们也学会了一直乖乖地挂在茎上。这就是那些得以在进化中存留下来的植物的智慧啊！

图中所示种类 ×5

米类图鉴

稻的果实小颗粒除去稻壳以后，就成了糙米。再去掉糙米的皮层和胚芽部分，就是我们平时所见的大米啦！糙米有各种不同的颜色。大米也有各种不同的形状呢！

越光米

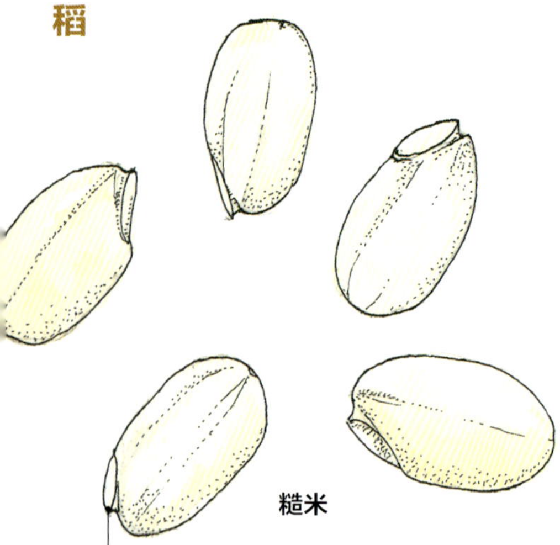

糙米

胚芽

（会变成芽）

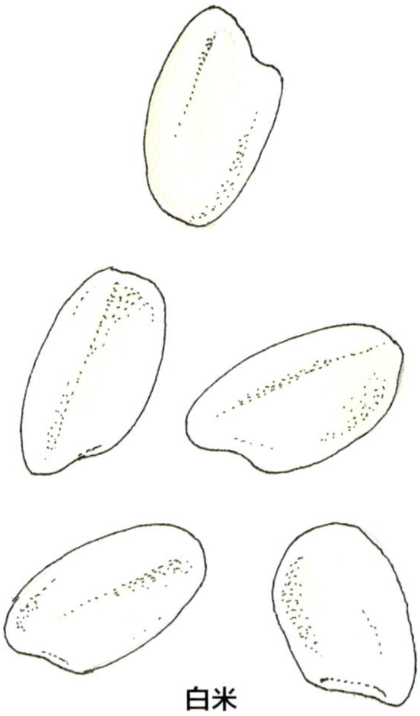

白米

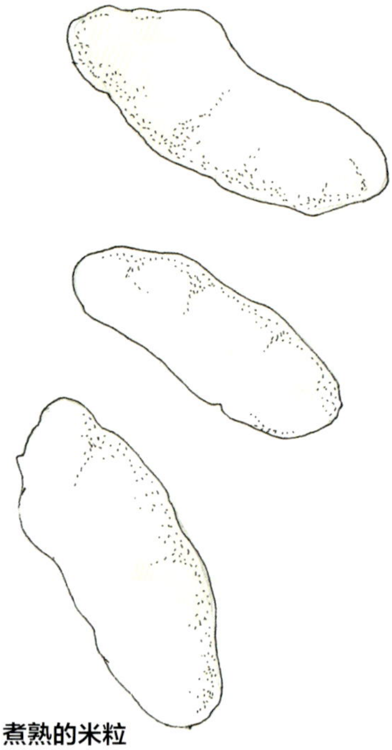

煮熟的米粒

菰米

虽然菰在美国被称作“野稻”（wild rice），但它可不是稻类，而是菰属植物，我们常吃的茭白就是这类水生植物的膨大的茎。

野生稻米也能煮成米饭吃。

野生稻

野生稻谷去壳后的糙米颜色较深。

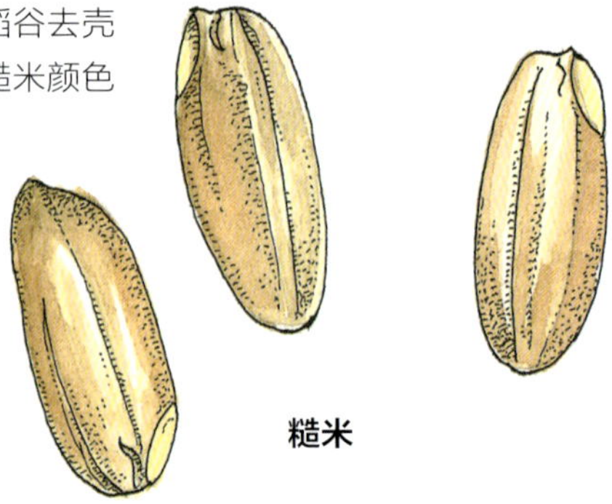

糙米

和越光米相比米粒更加细长。

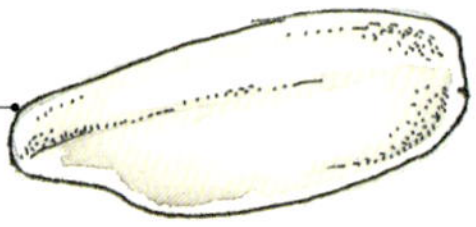

白米

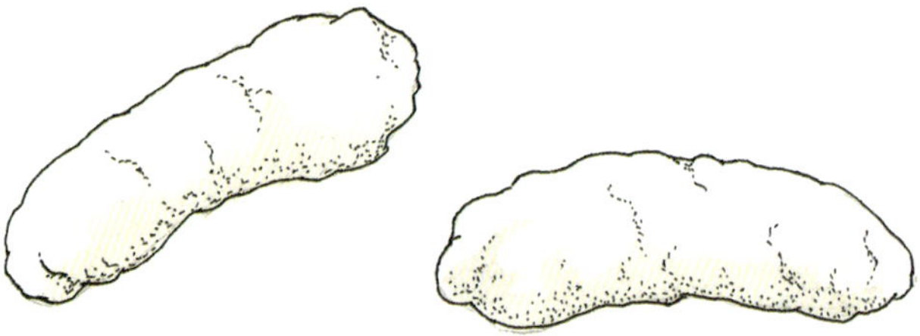

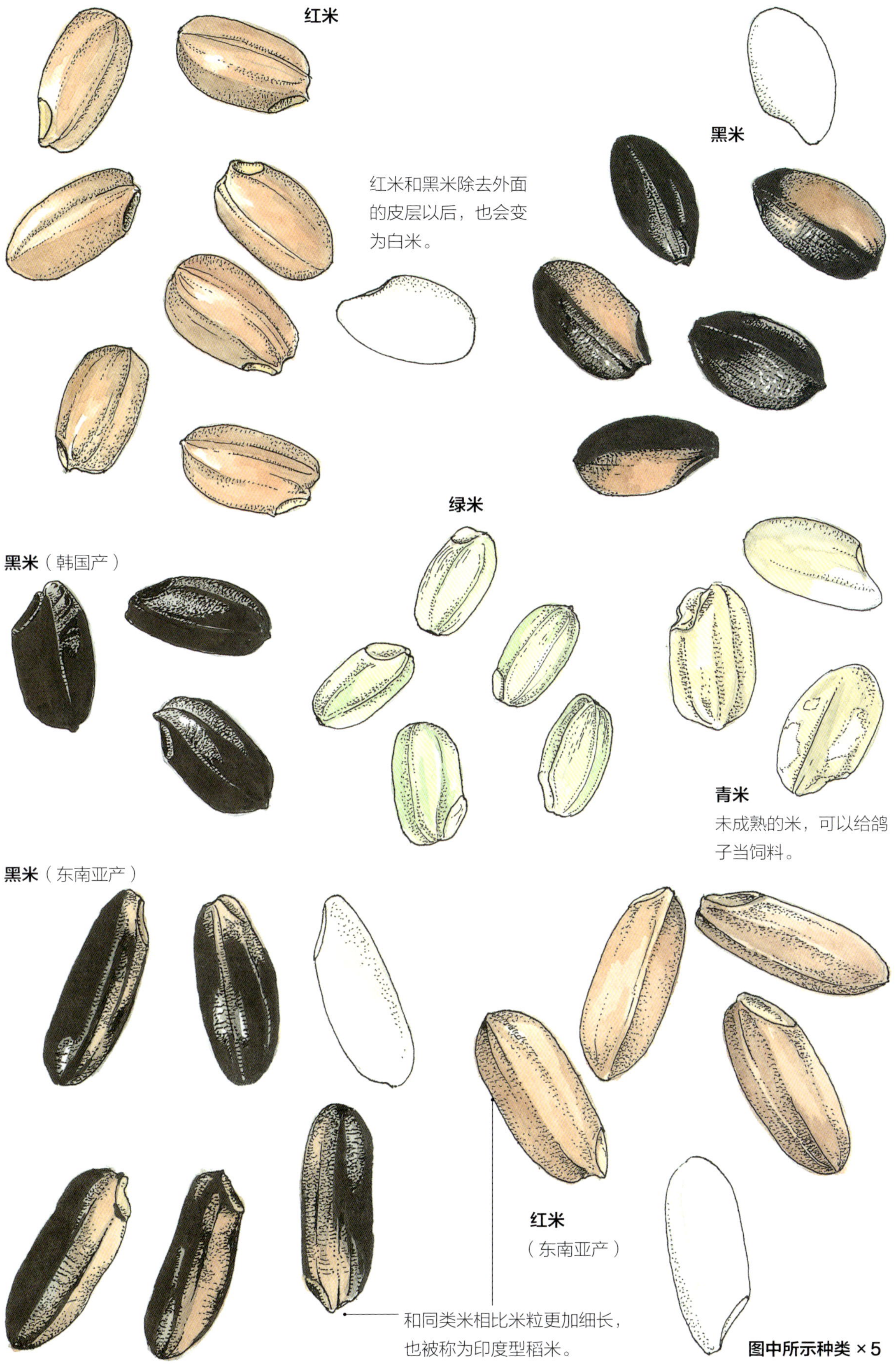
红米
红米和黑米除去外面
的皮层以后，也会变
为白米。
黑米
绿米
黑米（韩国产）
青米
未成熟的米，可以给鸽
子当饲料。
黑米（东南亚产）
红米
（东南亚产）
和同类米相比米粒更加细长，
也被称为印度型稻米。
图中所示种类 ×5

“我”的花朵时代

米，就是水稻这种植物的果实部分。
在水稻结出果实之前，可是会先开花的哟！

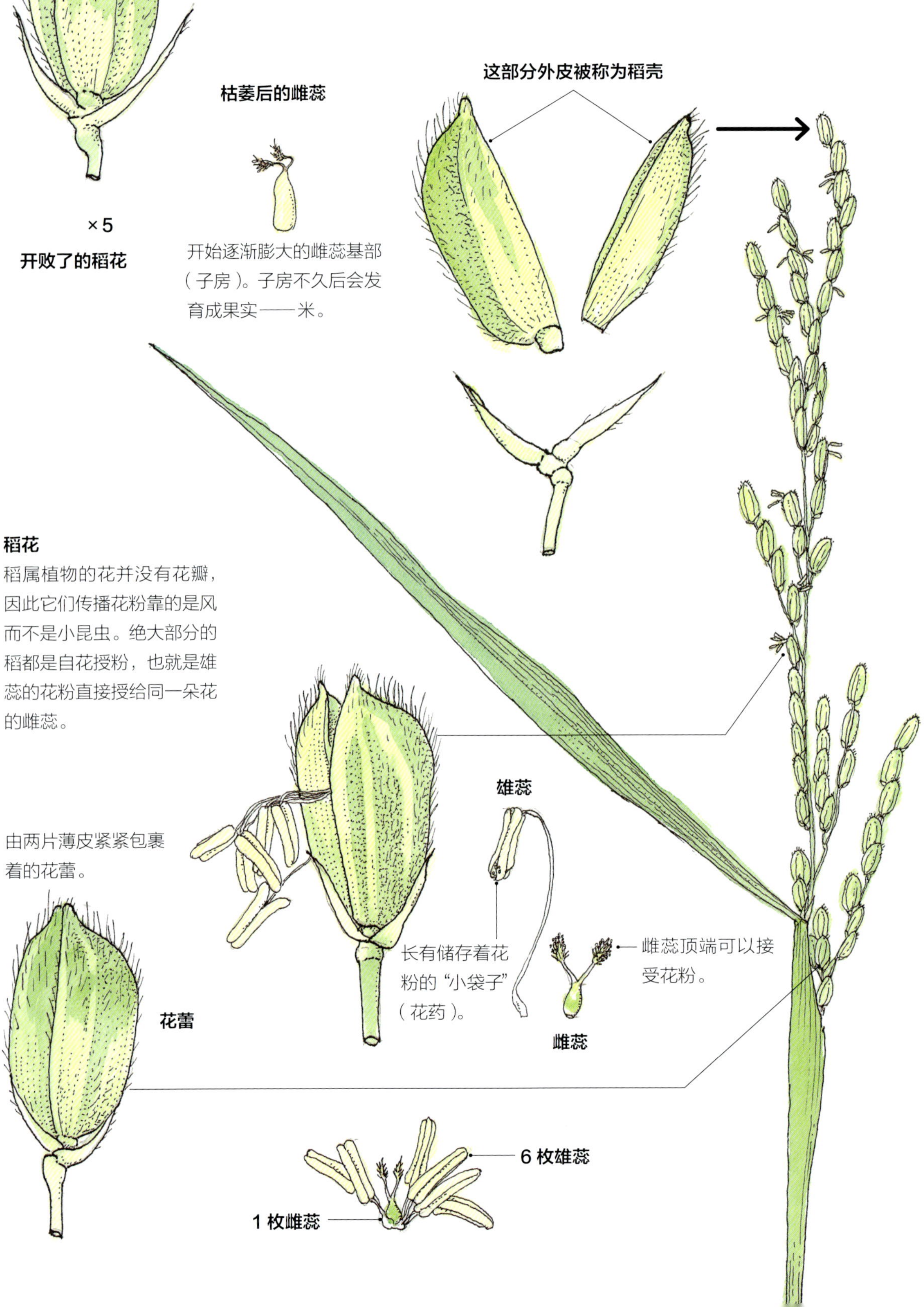

稻花

稻属植物的花并没有花瓣，因此它们传播花粉靠的是风而不是小昆虫。绝大部分的稻都是自花授粉，也就是雄蕊的花粉直接授给同一朵花的雌蕊。

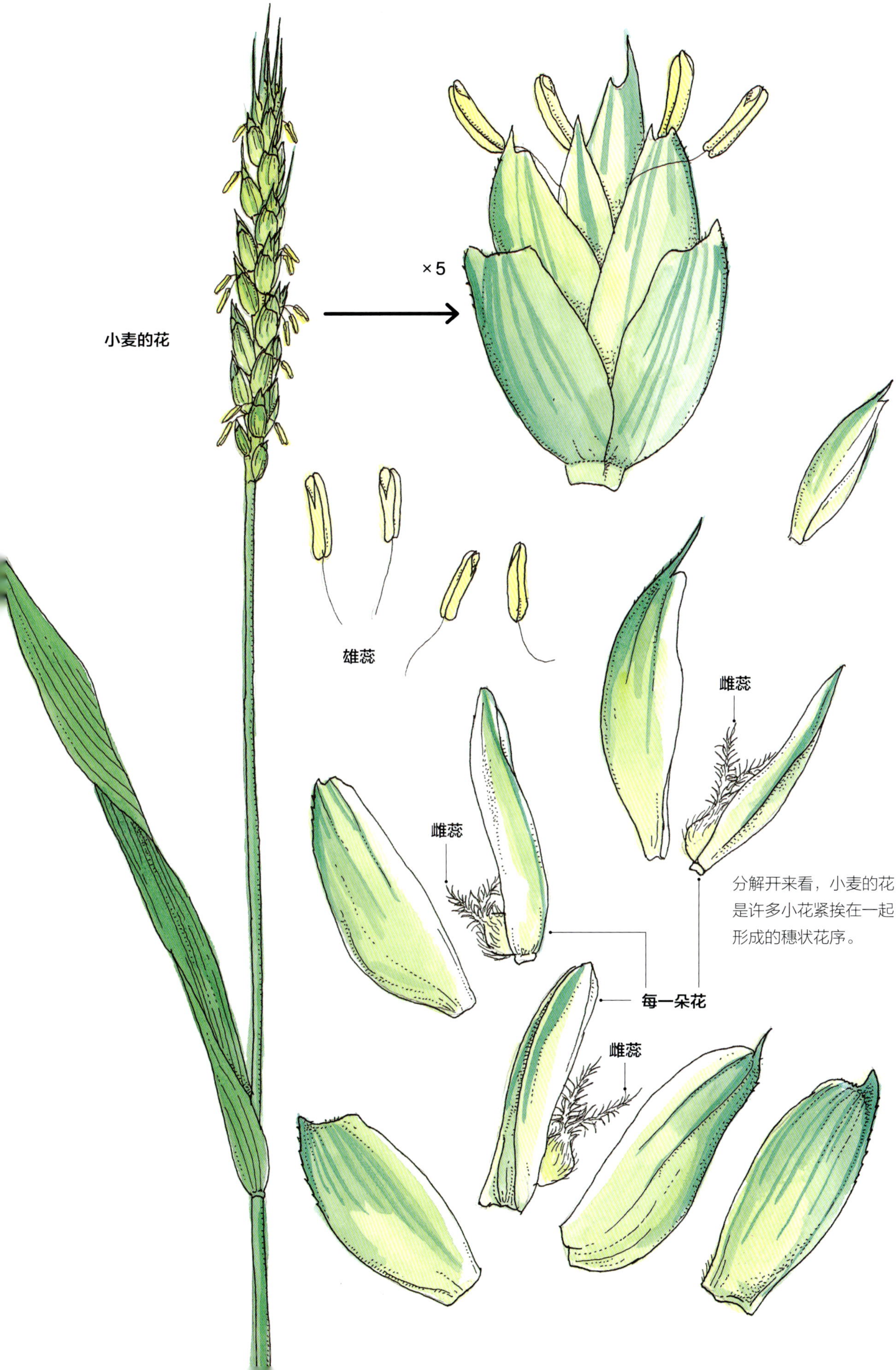

分解开来看，小麦的花是许多小花紧挨在一起形成的穗状花序。

黏糊糊的“小颗粒”

我们常吃的面包是用小麦的“小颗粒”做成的。

在小麦的果实小颗粒中，含有一种叫作麸质蛋白的黏性物质。正是因为这种物质的存在，当我们把麦的“小颗粒”磨成粉再和成面团后，可以随心所欲地把面团做成各种形状。再进一步，我们还可以在面团里加入酵母，酵母会使面团发酵产生气体，而有黏性的麸质蛋白会把气体封闭在面团里使面团膨大。松软的面包就是这样做出来的。

小麦的茎称为麦秆。

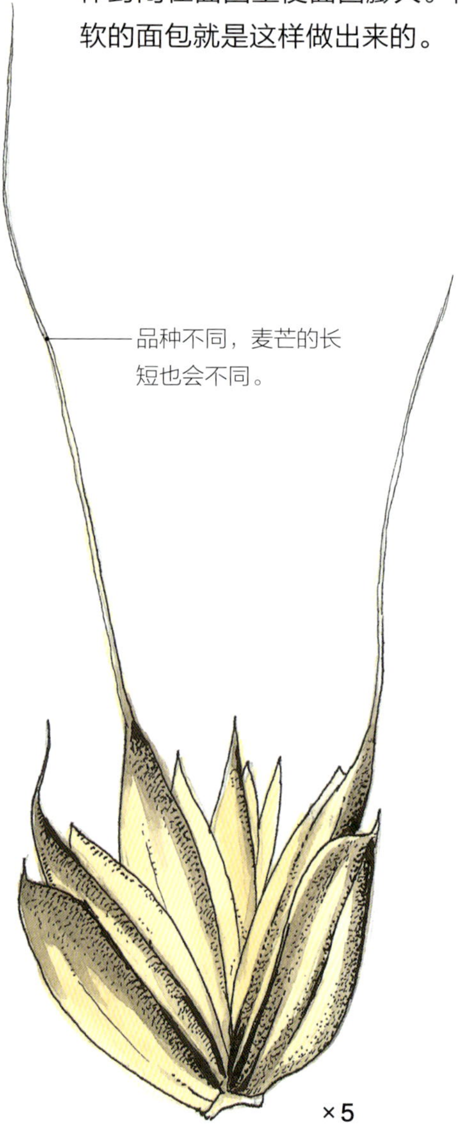

品种不同，麦芒的长短也会不同。

×5

小麦的果实小颗粒中的胚乳加工成粉，就成了面粉。

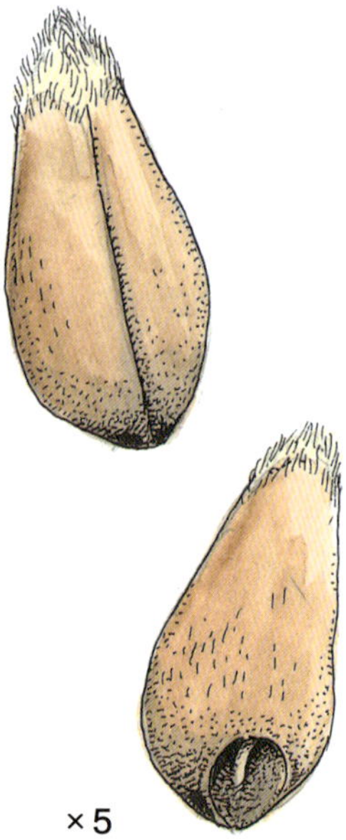

×5

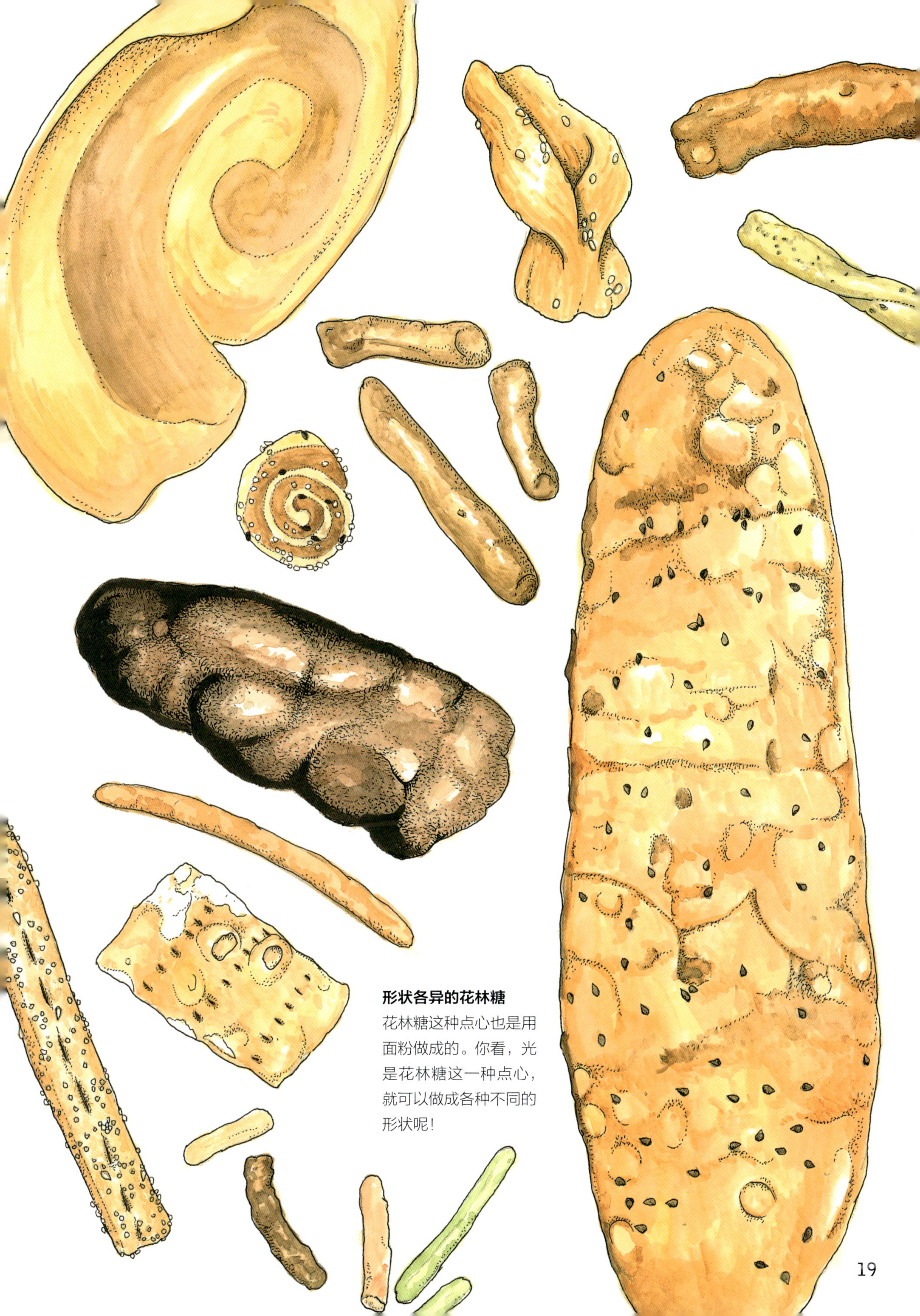

形状各异的花林糖

花林糖这种点心也是用面粉做成的。你看，光是花林糖这一种点心，就可以做成各种不同的形状呢！

受大人欢迎的“小颗粒”

在麦的家族中，有一种麦专门用来酿造啤酒。

二棱大麦

二棱大麦的“小颗粒”可以用来酿造啤酒，因此二棱大麦也被称为“啤酒麦”。

大麦

大麦的“小颗粒”可以用来做大麦粥或大麦茶。此外，把“小颗粒”炒过后再磨成粉就制成了炒面粉，藏族的糌粑就是用青稞（一种大麦）这样做的。

麦类植物的花也多种多样

图中所示种类 ×5

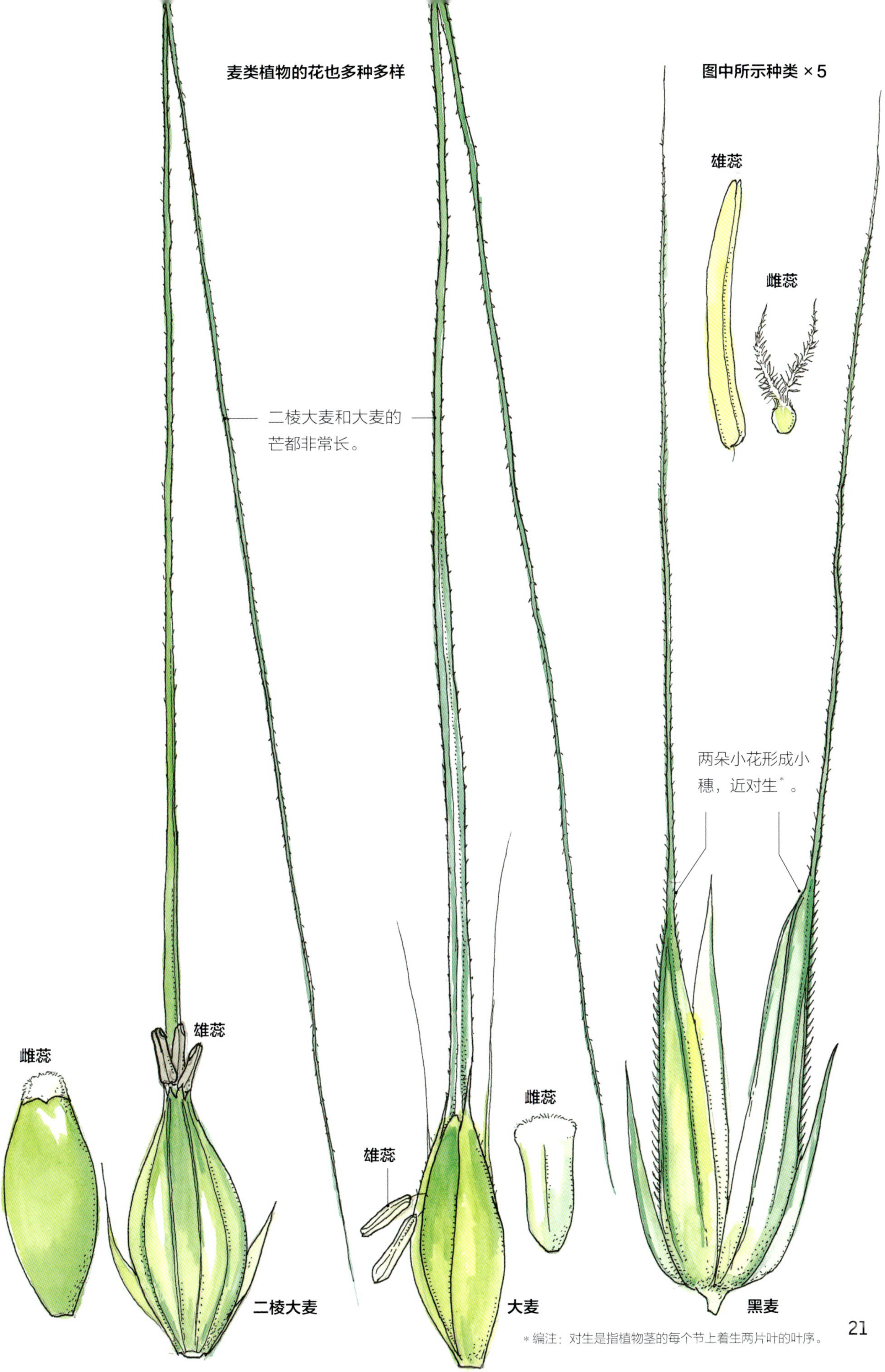

* 编注：对生是指植物茎的每个节上着生两片叶的叶序。

我们可以吃的是哪种

在我们身边的杂草中，有一些外观长得跟麦极其相似。

当然，在作为谷物的麦当中，也有一些原本就是杂草出身哟！

❶

❷

❸

❹

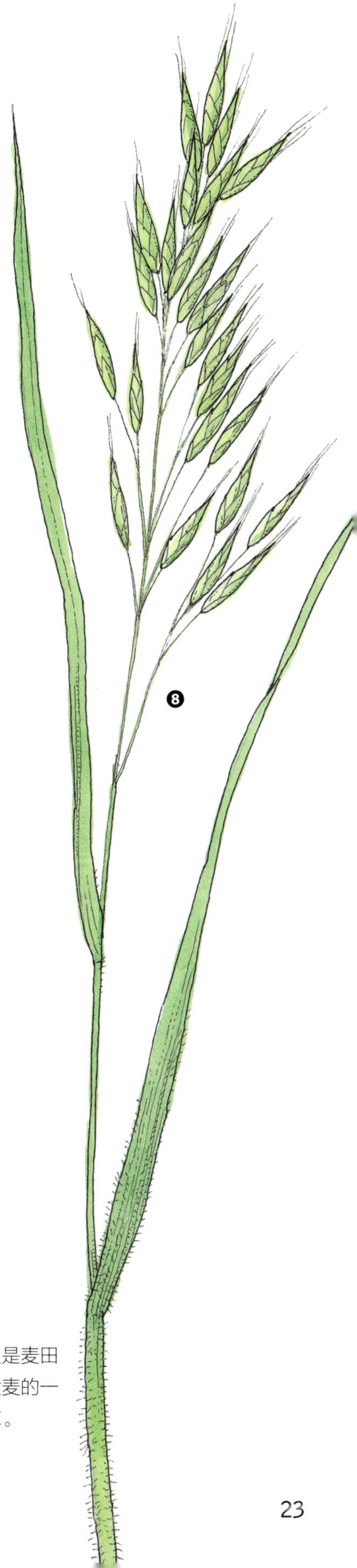

❶ 扁穗雀麦
❷ 大凌风草
❸ 黑麦
❹ 多花黑麦草
❺ 日本披碱草
❻ 早熟禾
❼ 鼠茅
❽ 雀麦

答案：可以吃的是❸黑麦。黑麦可以作为黑麦面包等食物的原材料。

黑麦原本只是麦田里小麦或大麦的一种伴生杂草。

外观相似的“小伙伴”

燕麦常被我们用来做成燕麦片或谷物麦片。你知道吗？其实燕麦还有不少和它长相相似的“小伙伴”呢，其中有一种叫作野燕麦。

说起来，其实燕麦是以野生燕麦为基础进行改良之后的品种呢。

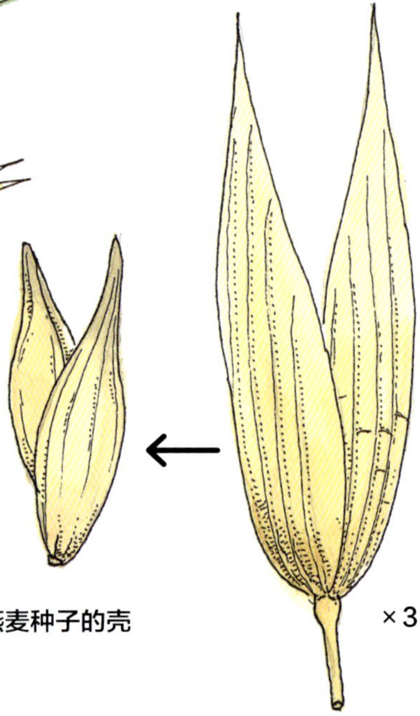

麦片中的“小颗粒”

麦片就是把燕麦粒脱壳剥皮之后，再碾碎制成的。常和牛奶等食物放在一起煮后食用。

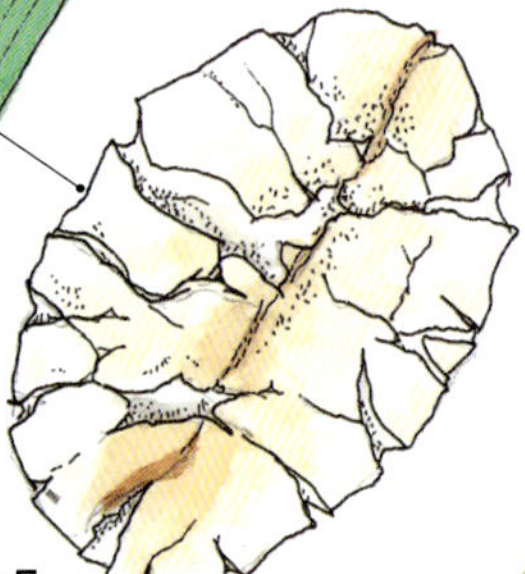

野燕麦

野燕麦和燕麦外观非常相似，是一种以野生状态生活在麦田或草原中的杂草。

可食用部分

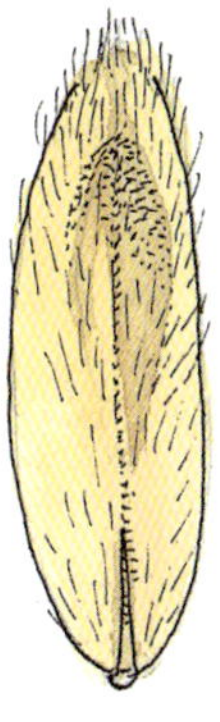

×5

作为杂草的野燕麦有很长的芒。

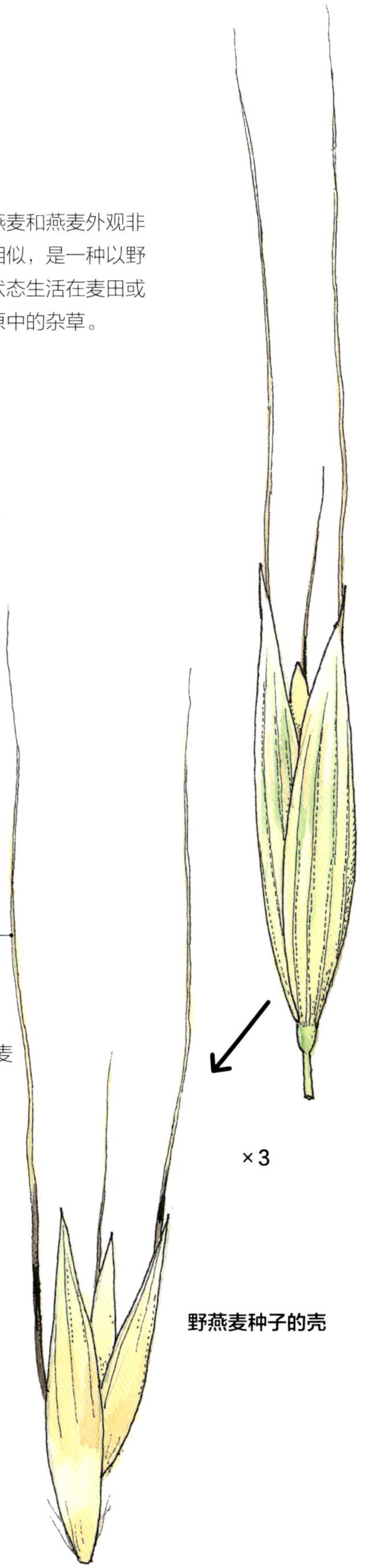

×3

野燕麦种子的壳

过去，人们常常会把小米做成小米饭或小米糕来吃，如今这样吃的人已大大减少。当然，小米作为一种健康食品，或者说作为一种传统食品，人们也在重新认识与考量着它的营养价值。

“小颗粒”之王

谷物有很多种，可是说到“谷物之王”，那就非小米（谷子）莫属了。

看，小小的颗粒密密麻麻地挤在一起！

谷子也有很多种不同的外观。

别看谷子的这些“小颗粒”这样细小，它们和稻、麦的“小颗粒”可有着一样的本领——成熟后也不会从茎上掉落下来。

狗尾草图鉴①

谷子是我们熟知的谷物，但它的祖先可是杂草——狗尾草。

很久很久以前，人类会仔仔细细地寻找并挑选可以吃的狗尾草。不久以后，这些挑选出的狗尾草被人类种在了田地里，悉心栽培。就这样，这些人工栽培的狗尾草在漫长的岁月中不断被选育，终于成了我们今天食用的谷物——谷子。

厚穗狗尾草
一种在海岸边常可以看到的矮小狗尾草。
象草
和狗尾草外观相似，一般被用作牧草。
生长在路边的狗尾草。
一些狗尾草的刚毛是紫色的。
狗尾草的种子和谷子的种子不同，成熟后它们就会掉落下来。

狗尾草图鉴②

狗尾草也有不少长相相似的“小伙伴”。

×10

和谷子的种子相比，狗尾草的种子更加细长，颜色也更深。

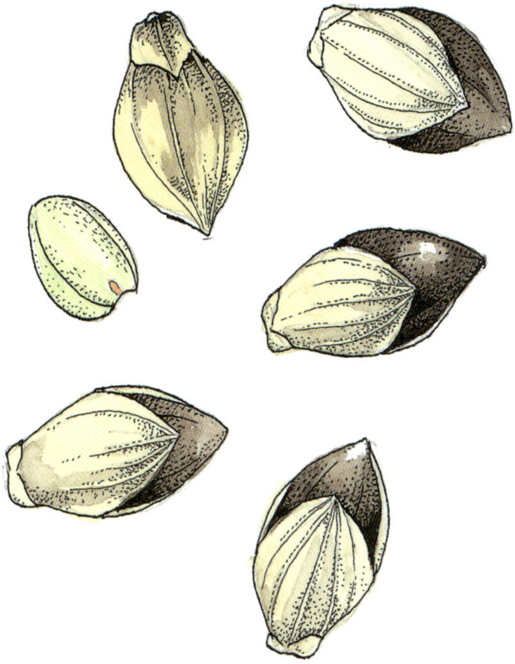

大狗尾草的种子

大狗尾草的种子颗粒比一般狗尾草的种子大。

芒比谷子的芒长很多。

倒刺狗尾草

大狗尾草的“草籽米花”

把狗尾草的“小颗粒”放进锅里炒一炒，它们也会像爆米花那样迸裂开哟。

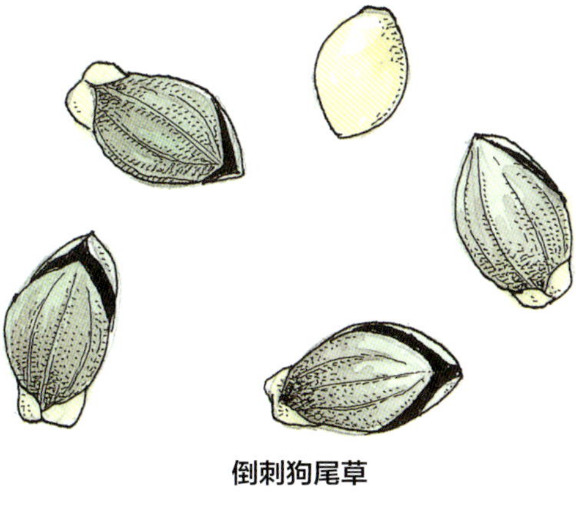

倒刺狗尾草

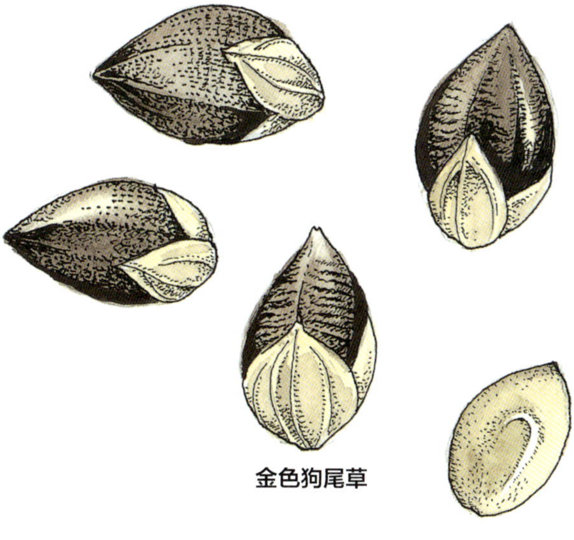

金色狗尾草

曾经作为主食的“小颗粒”

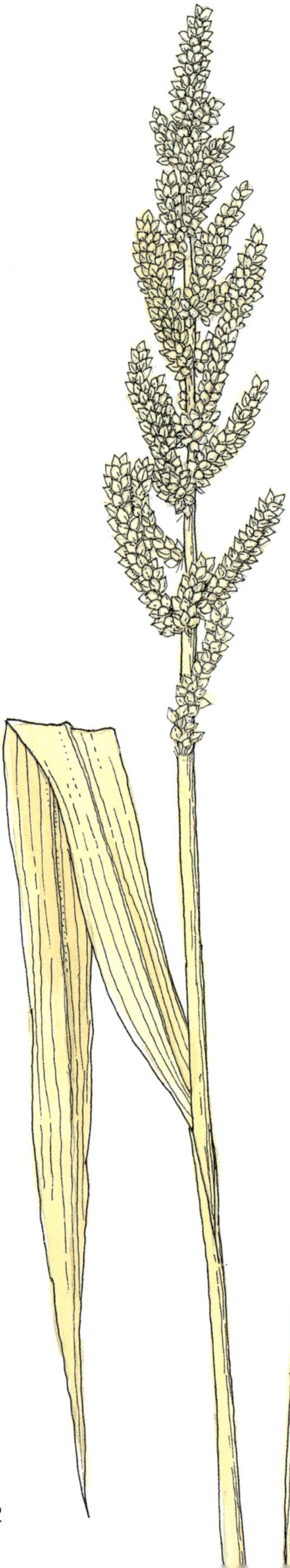

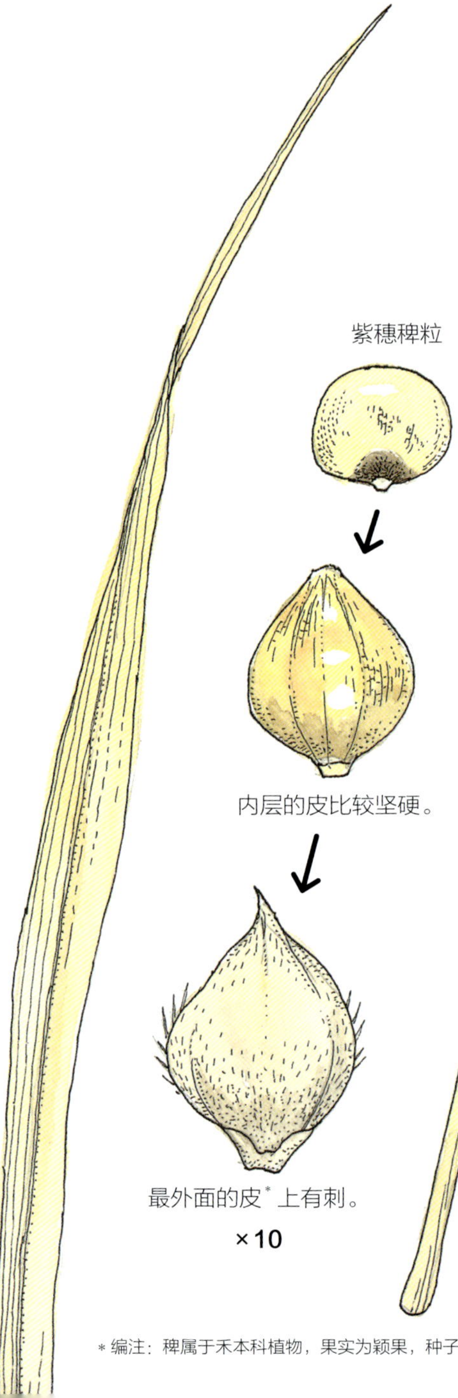

谷物有很多种。一般研究认为小麦起源于西亚，水稻、粟（谷子）、黍起源于中国。据说，谷物中似乎只有紫穗稗这一种是原产于日本的，紫穗稗曾经是日本一种重要的主食谷物。

紫穗稗

紫穗稗很耐寒，过去在日本东北部被广泛种植。如今，随着耐寒水稻的培育，种植稗的农户已经很少了。

*编注：稗属于禾本科植物，果实为颖果，种子外包裹的外层和内层的皮分别称为外颖和内颖。

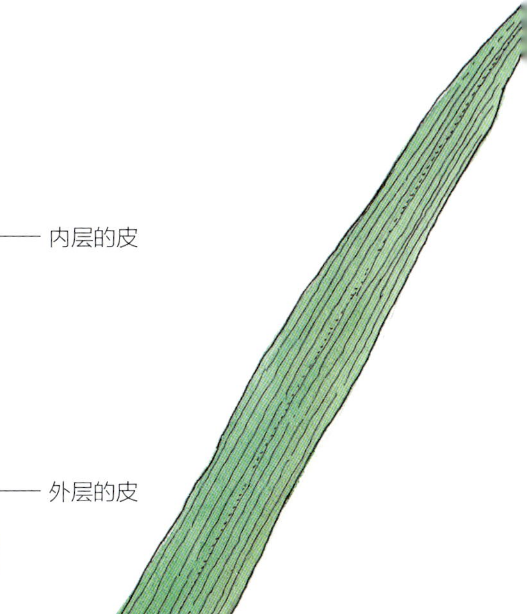

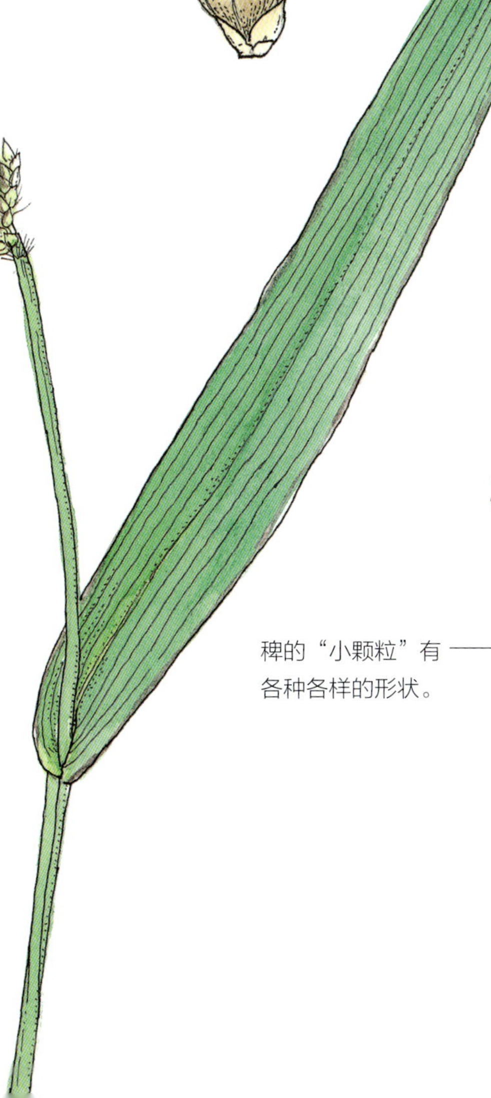

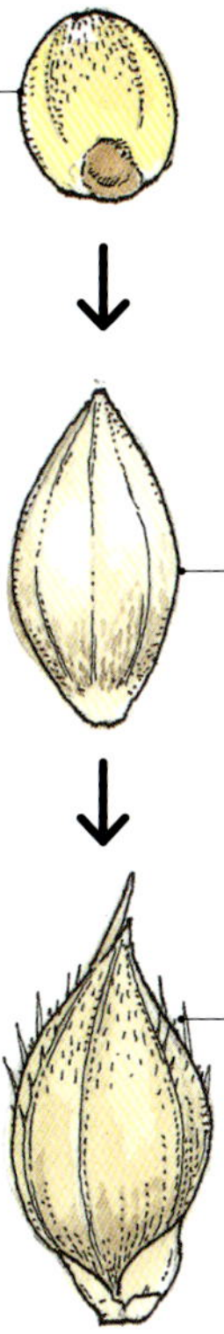

比紫穗稗的种子更细长。

内层的皮

外层的皮

稗

紫穗稗的祖先是稗，稗原本是水田或旱田中极为常见的一种杂草。长在水田中的稗妨碍水稻生长，非常不受人们欢迎。然而，这样不受欢迎的杂草也成了谷物家族中的一员，是不是挺有趣的呢？

稗的“小颗粒”有各种各样的形状。

稻的“模仿者”

水田中常见的水田稗，长相酷似稻。你知道为什么吗？那是因为，人们在为稻田除草的时候，常常会错漏掉一些长得和稻差不多的杂草。这样一来，遗漏的杂草就慢慢地越长越像稻了。其他谷物和杂草之间，也存在这种联系。

水田稗果实小颗粒
×10

毛犬稗

生长在稻田中的稗，有很长的芒。毛犬稗比水稻高出很多，样子也没有水田稗那么像水稻。

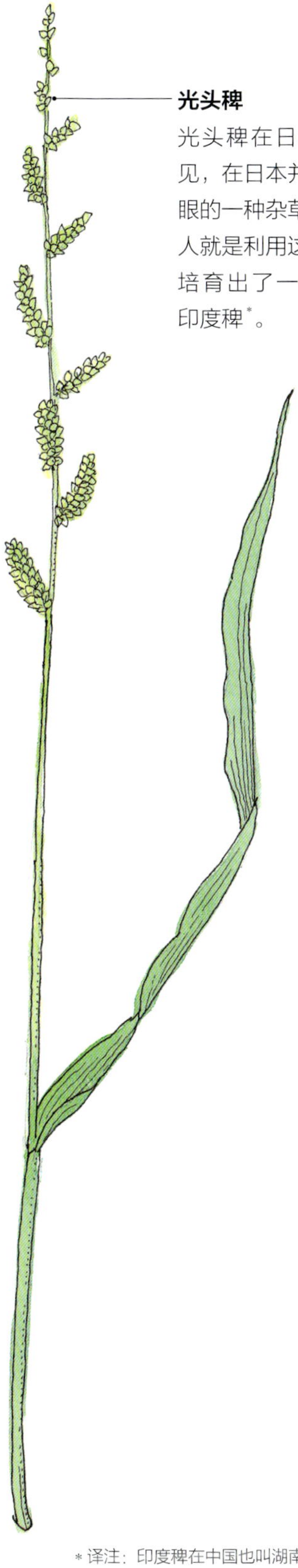

光头稗

光头稗在日本南部很常见，在日本并不是多么起眼的一种杂草，可是印度人就是利用这种稗的祖先培育出了一种谷物——印度稗*。

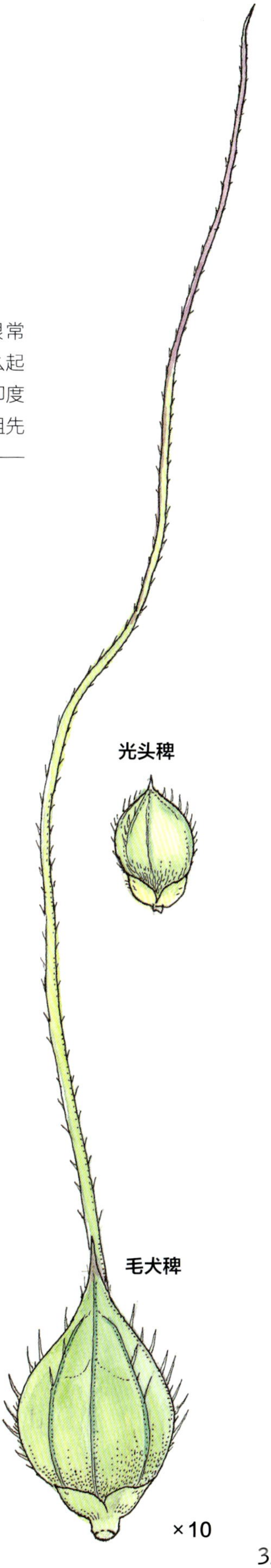

*译注：印度稗在中国也叫湖南稗子。

杂草“小颗粒”也能煮粥

穇子

由穇属牛筋草的同类进化而来的谷物。穇子的果实小颗粒磨成粉以后可以食用。

×10

牛筋草

校园里或路边极为常见的一种杂草。

×10

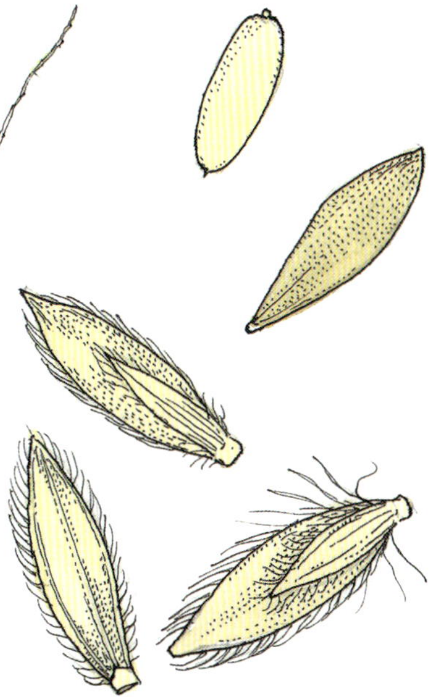

在我们身边的杂草中，有一些杂草的“小颗粒”是可以吃的。

升马唐或牛筋草的同类中有些就成了谷物。因此，如果烹调方法得当的话，升马唐或牛筋草的“小颗粒”也是可以吃的。

升马唐

有一种叫马唐的谷物就是由这种升马唐进化而来的。

杂草粥的做法

1. 收获升马唐或狗尾草的“小颗粒”。

2. 放入研钵中研磨。

两个步骤可反复进行。

3. 把“小颗粒”经研磨后出现的浮皮吹掉。

4. 剩下的干净小颗粒，就可以下锅煮了。

有小麦过敏症的人请勿食用。

甜甜的“小颗粒”

玉米的“小颗粒”香甜可口，非常美味。好吃的玉米也是谷物的一种哟！

成熟后的玉米“小颗粒”会变硬，你可以把它们弄碎了熬粥，也可以把它们磨成粉做面包！

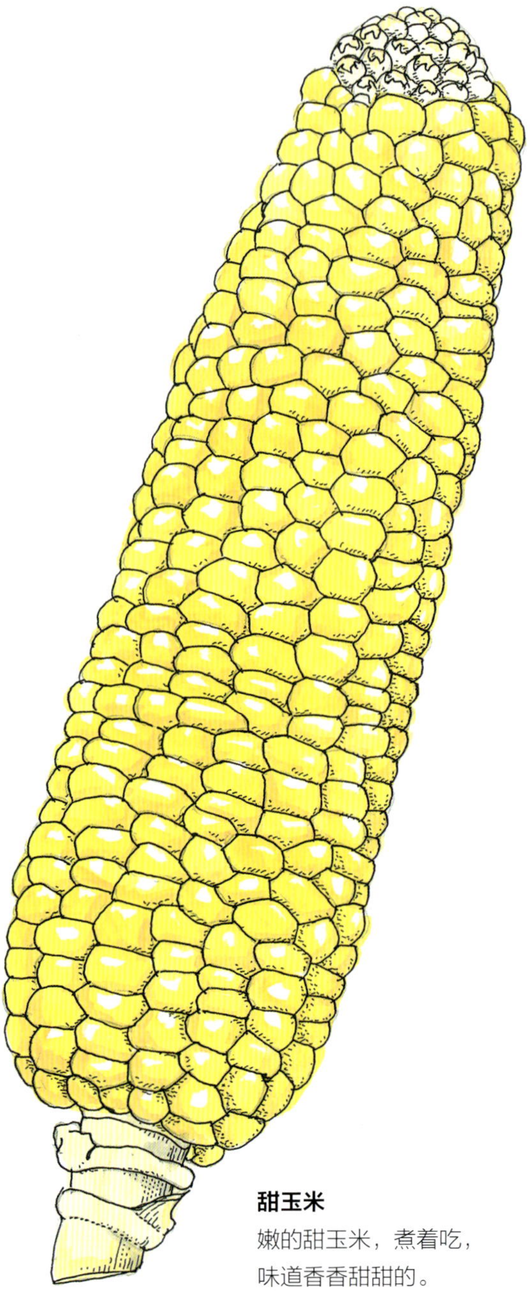

甜玉米

嫩的甜玉米，煮着吃，味道香香甜甜的。

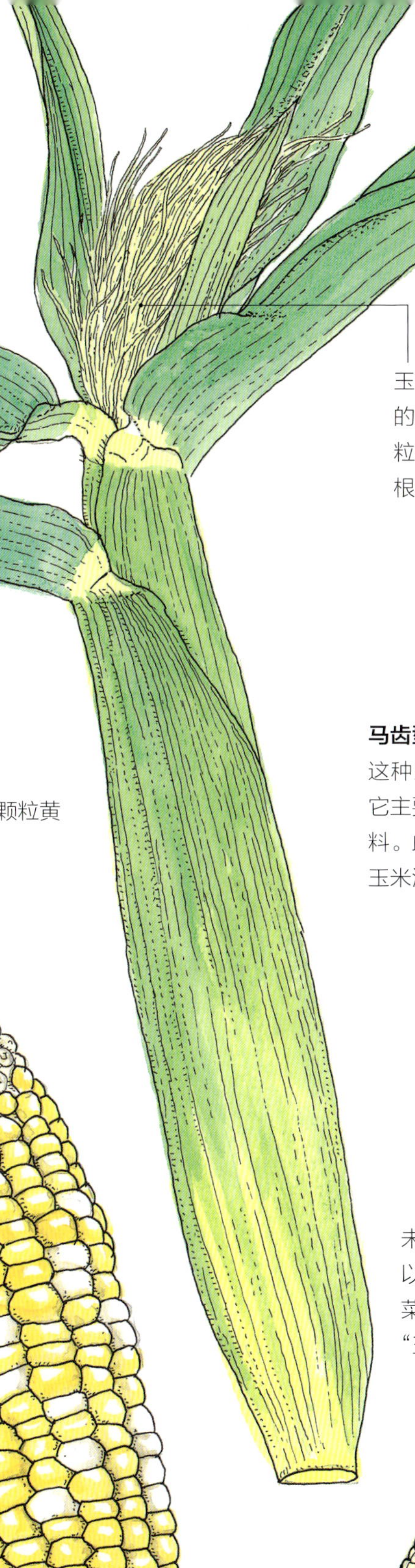

玉米的“胡须”其实是它的雌蕊。每一个“小颗粒”上都会延伸出这样一根“胡须”。

马齿型玉米

这种玉米不是供我们食用的，它主要被用来做牛等家畜的饲料。此外，它还可以用来制造玉米淀粉。

最近常见的一种颗粒黄白相间的玉米。

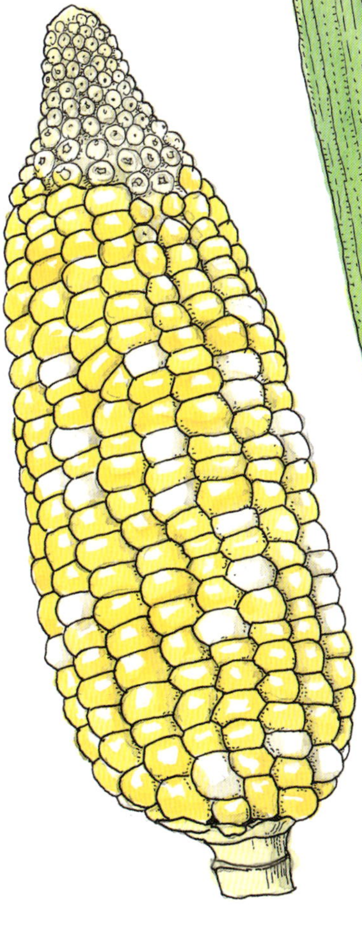

未成熟的玉米收获以后可以用作蔬菜，就是所谓的“玉米笋”。

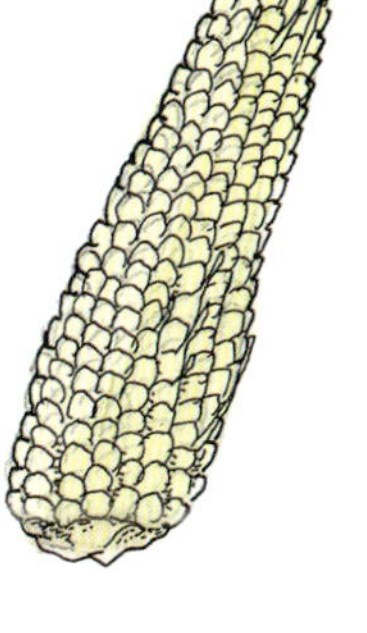

种类繁多的玉米

提到玉米，我们脑海中首先浮现出的就是黄色的小颗粒。其实，玉米的“小颗粒”也有很多种呢！

韩国的一种玉米（图为煮熟后的样子），颗粒饱满。

日本的一种玉米（图为煮熟后的样子）。

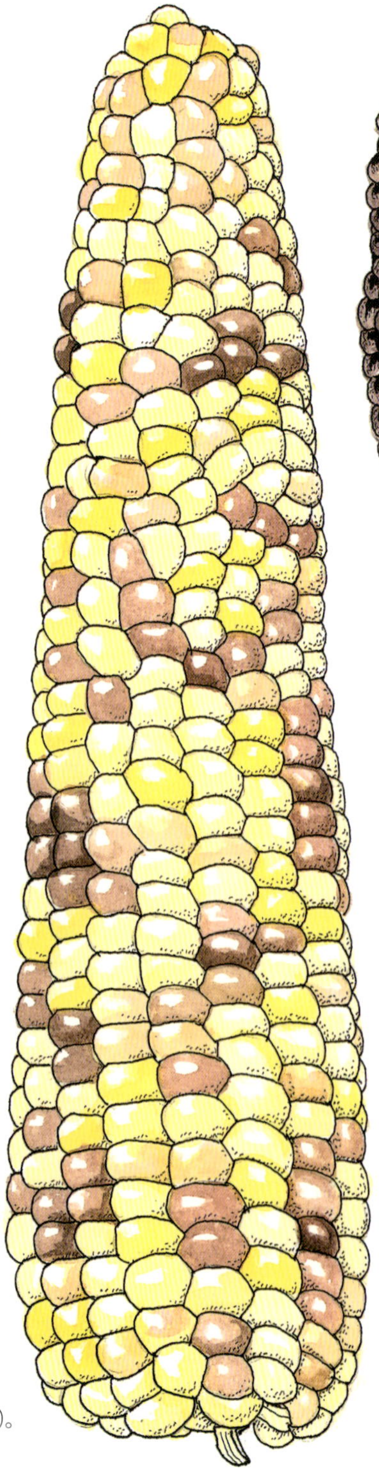

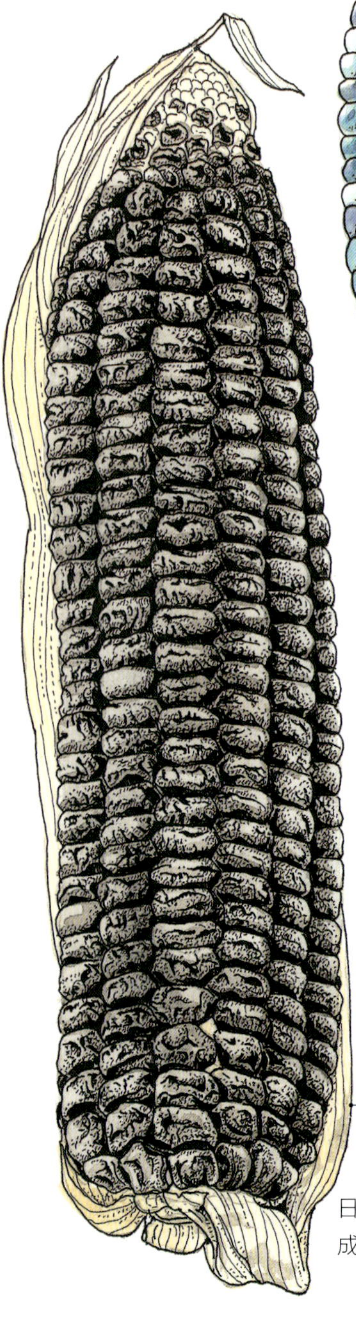

日本的一种玉米（图为把成熟的玉米晒干后的样子）。

各种各样的玉米

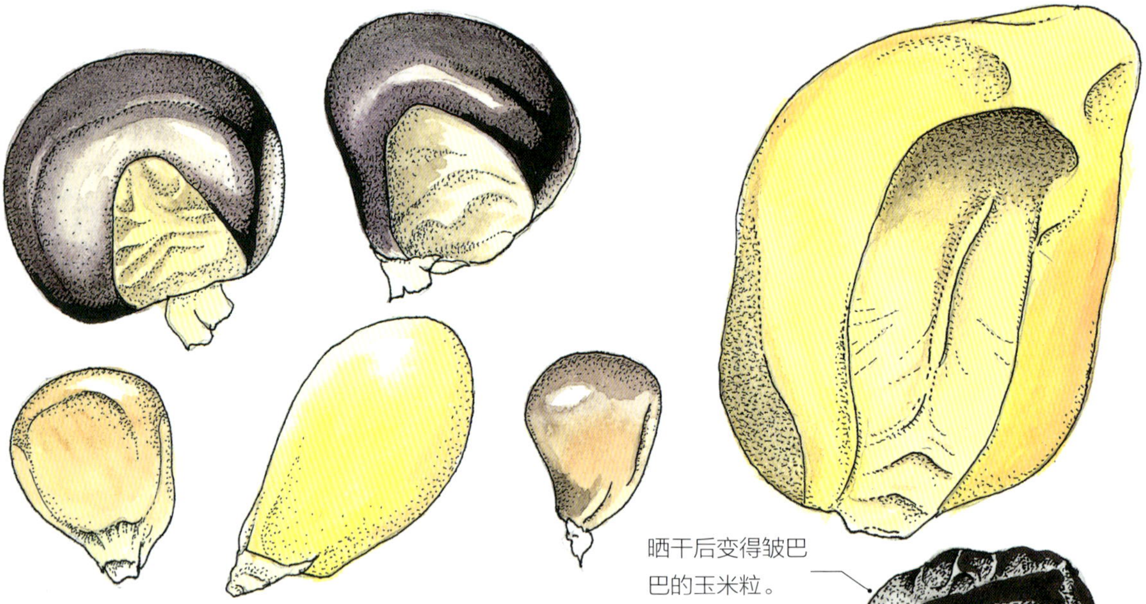

晒干后变得皱巴巴的玉米粒。

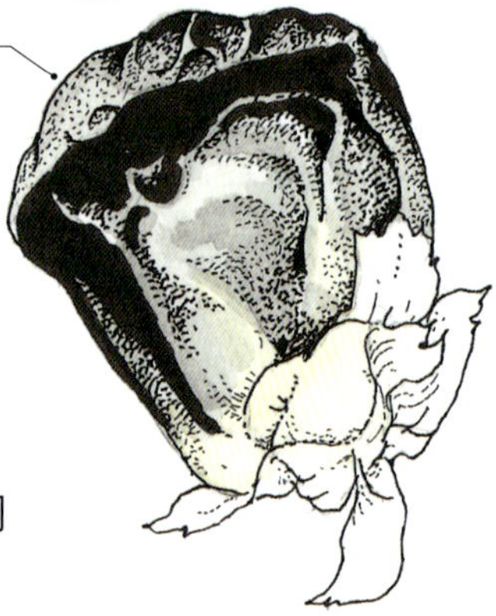

大的，小的
光滑的，皱皱的

玉米品种不同，它的“小颗粒”大小也就不同。不仅如此，不同品种的玉米，有的“小颗粒”光滑，有的“小颗粒”却皱巴巴的。

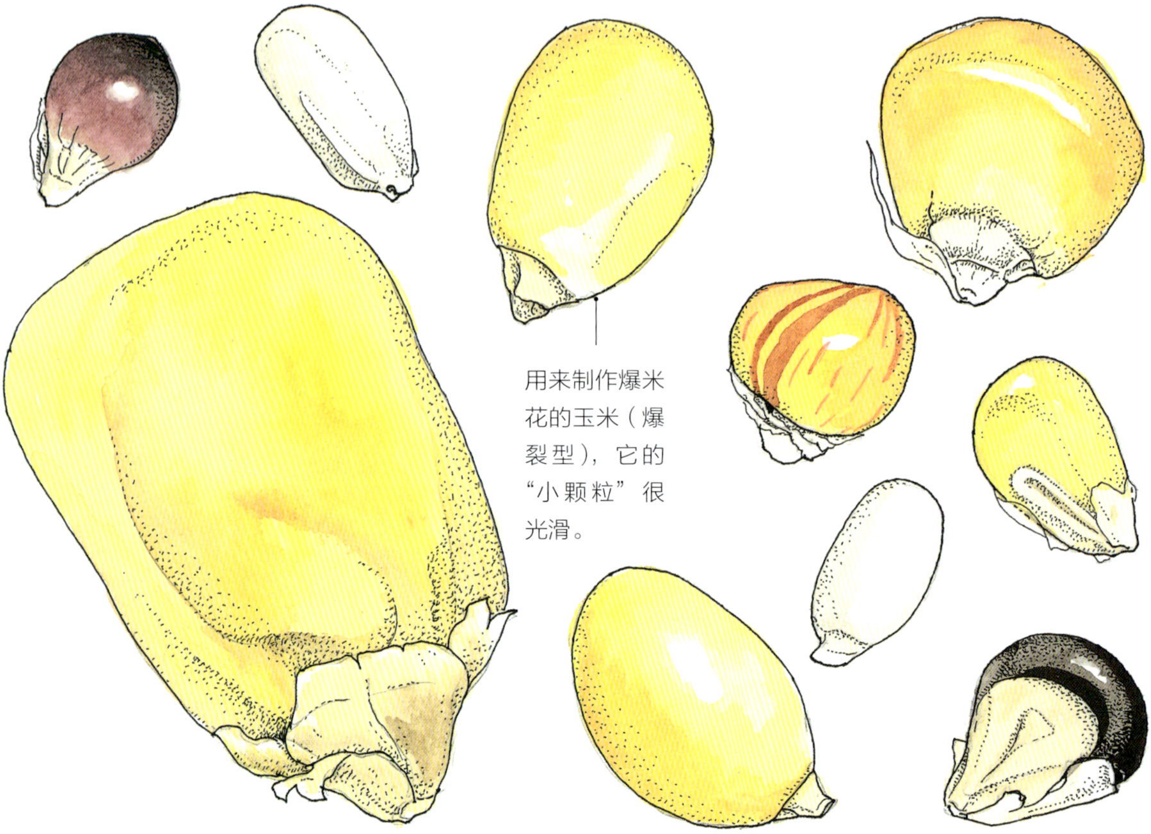

用来制作爆米花的玉米（爆裂型），它的“小颗粒”很光滑。

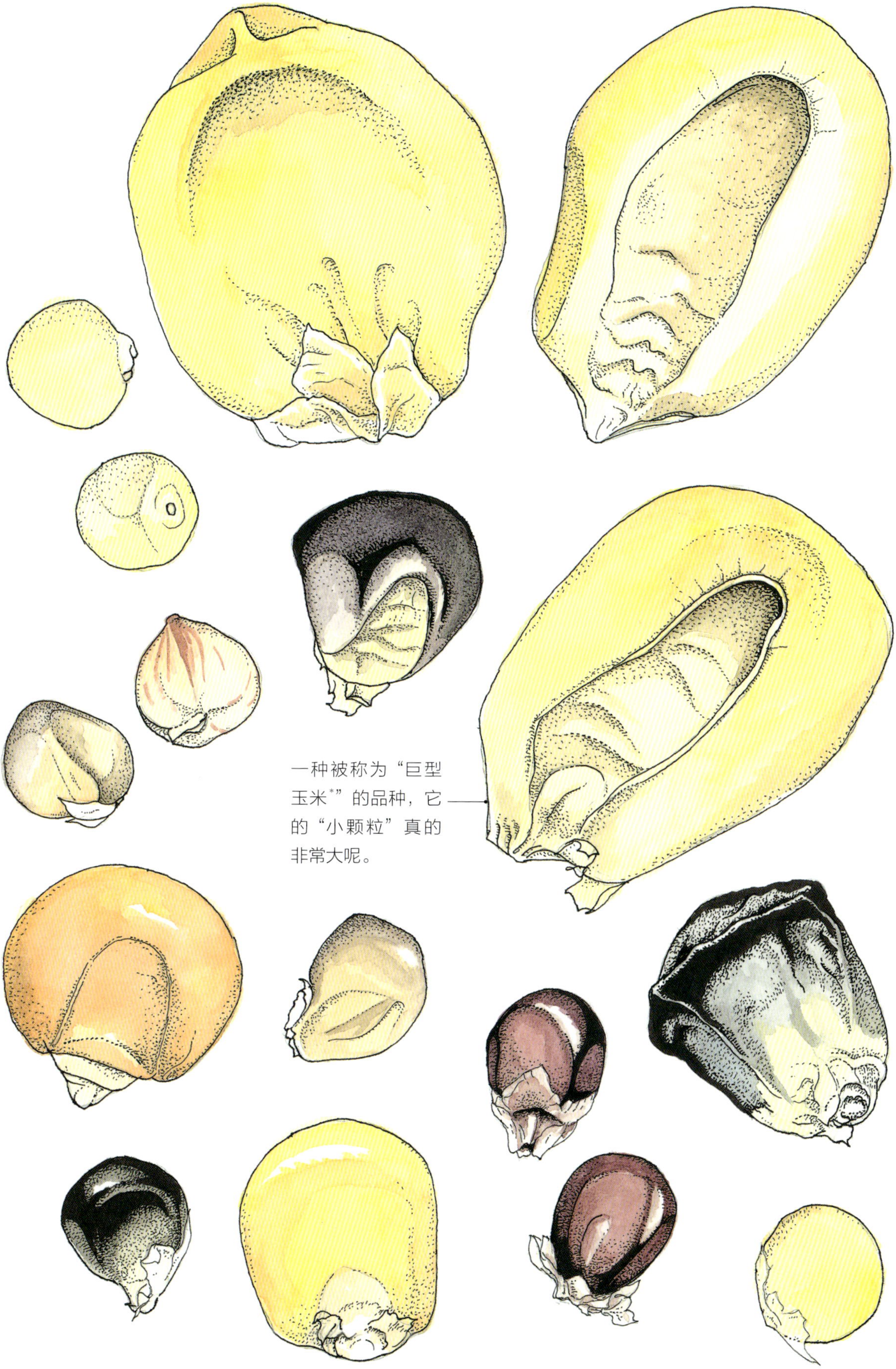

* 译注：原产于南美秘鲁，在当地被称为“choclo”，也被译为乔克罗玉米。

玉米片

用玉米“小颗粒”制成。

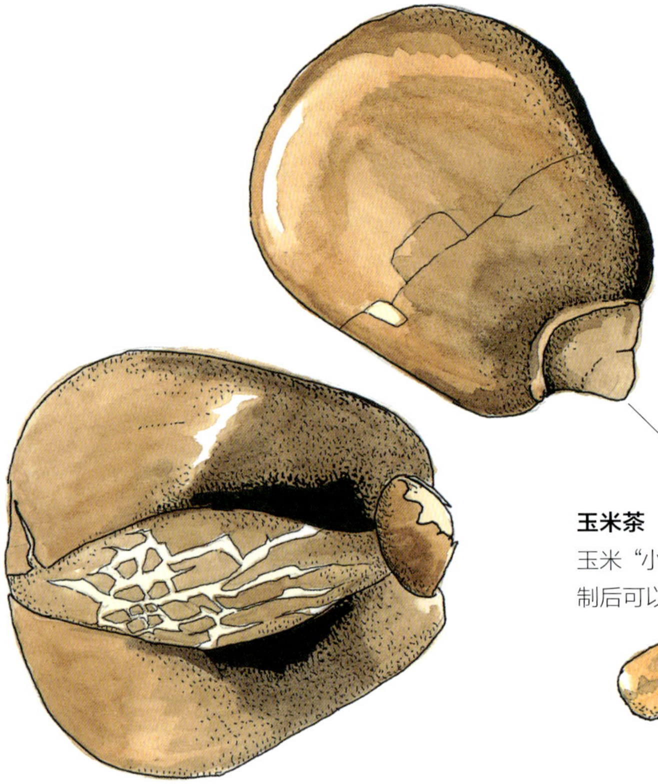

玉米茶

玉米“小颗粒”炒制后可以泡茶喝。

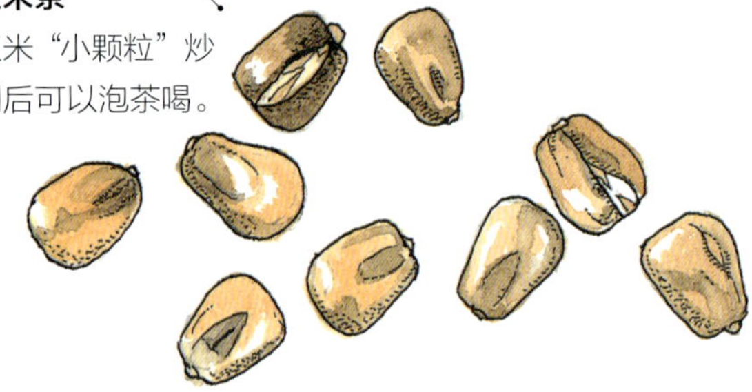

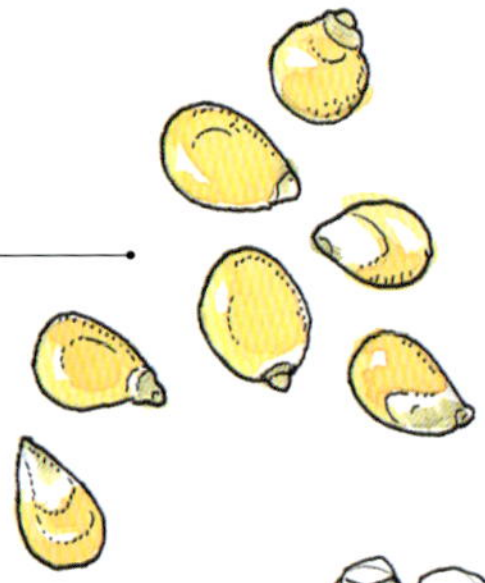

爆米花是把一种爆裂型玉米的“小颗粒”放进锅里炒制而成的。在炒制过程中，高温使得小颗粒内的水分被蒸发。原本被果实坚硬的外皮锁住的水分变成了高压的水蒸气，水蒸气急剧膨胀，瞬时爆开玉米粒，爆米花就这样诞生了。

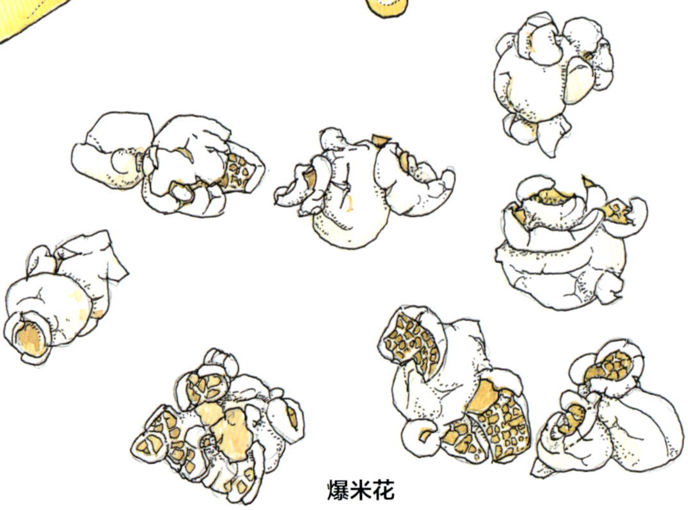

爆米花

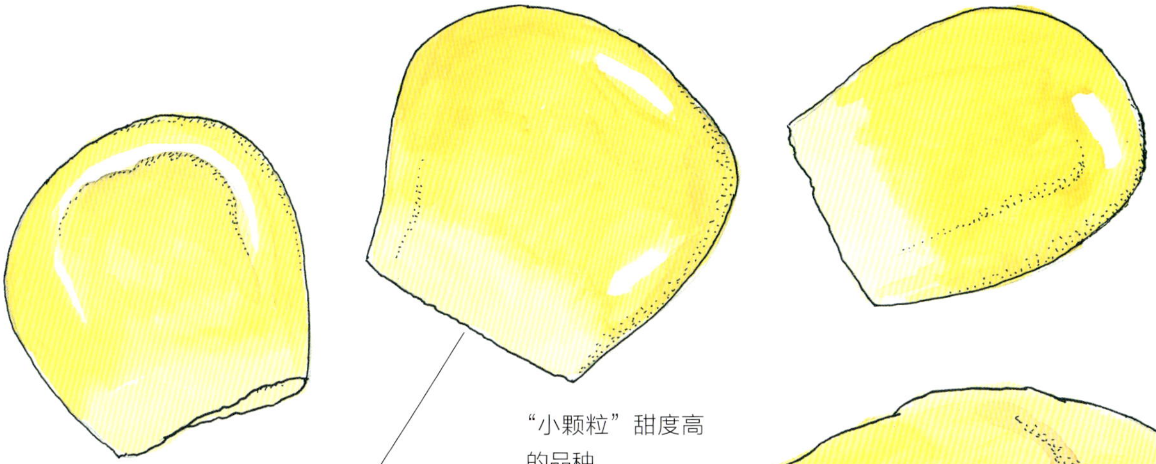

“小颗粒”甜度高的品种

玉米罐头

玉米“小颗粒”可以做成玉米罐头。

巨型玉米的果实颗粒炒制而成。

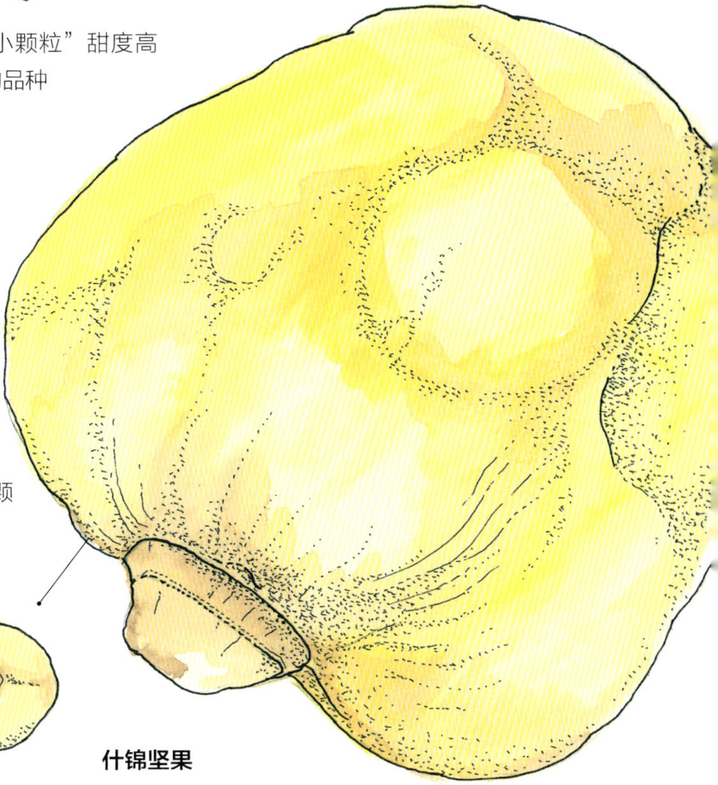

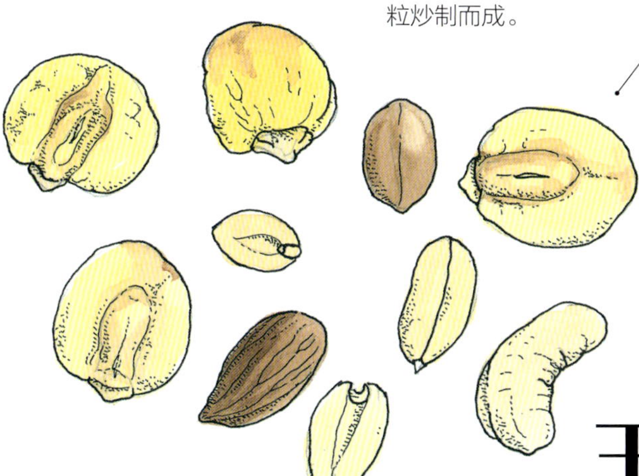

什锦坚果

玉米吃法有多少

玉米品种不同，它的“小颗粒”的特征当然也就多种多样。因此，根据不同的玉米品种，人们的吃法也五花八门。

煮熟的玉米

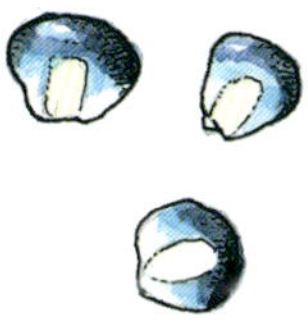

一种蓝色的糯性玉米。

串项链的“小颗粒”

在东南亚买到的一串薏苡项链，由蜗牛壳和薏苡珠串在一起制成。

“小颗粒”不仅可以用来做食物，有的“小颗粒”还可以拿来串项链呢！

薏苡的“小颗粒”用线串起来可以做念珠，所以有的地方也称它“菩提珠”。

薏苡的“小颗粒”非常坚硬。

剥去薏苡坚硬的外皮，就可以把里面的种仁取出来吃了。

我们把薏苡的皮弄软之后就得到了谷物薏米。

薏苡既可以吃，也可以用来泡茶。

用薏苡的“小颗粒”制成的薏苡曲奇饼干。

各种各样的薏苡

禾本科的一种草，茎很细，非常适合用来做扫帚。具体属于哪一种目前还不清楚。果实颗粒极小，无法食用。

收获了稻的“小颗粒”之后，剩下的茎做成了扫帚。

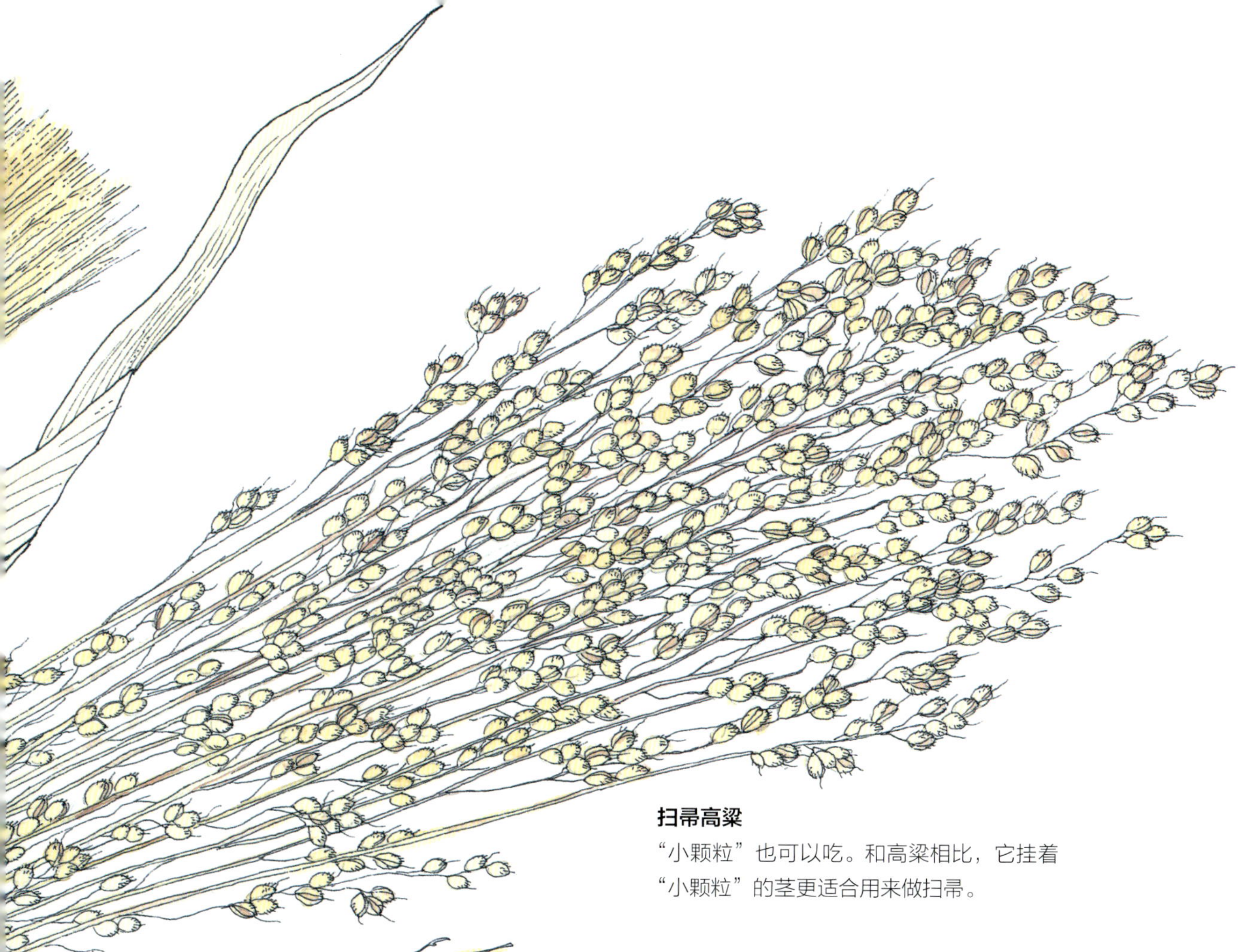

扫帚高粱

“小颗粒”也可以吃。和高粱相比，它挂着“小颗粒”的茎更适合用来做扫帚。

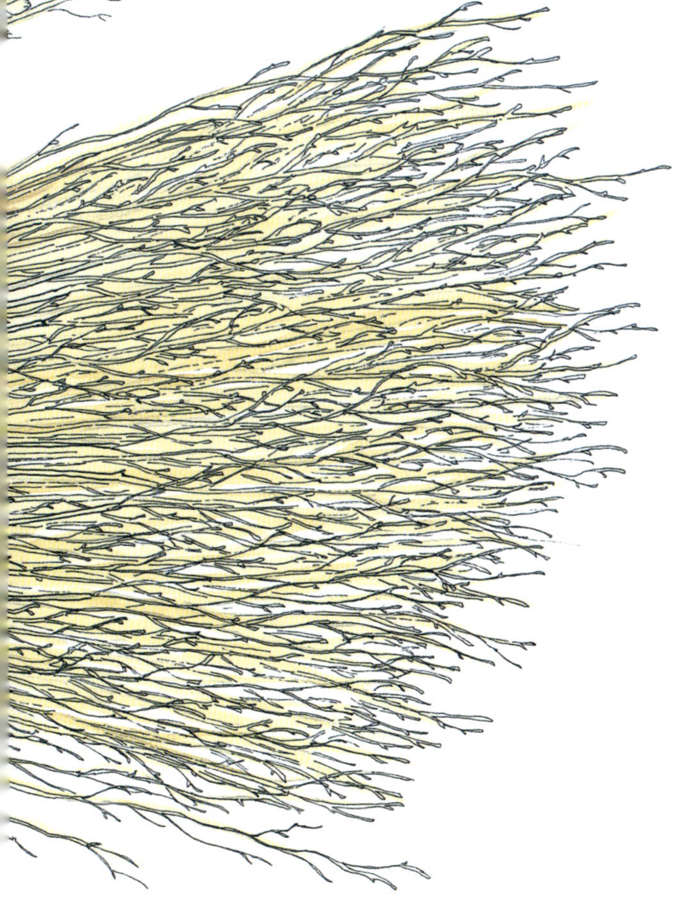

做扫帚的“小颗粒”

除了“小颗粒”可以为我们所用，挂着“小颗粒”的茎也可以拿来供我们使用。扫帚高粱原本和高粱是同一种谷物。人们专门选育改良之后，才有了今天这种便于人们制作扫帚的高粱。

不得不感叹一声，人类有着多么伟大的智慧啊！

制糖的“小颗粒”

稻、谷子、黍、高粱、麦，它们都是禾本科的植物。禾本科植物的“小颗粒”对我们来说极其重要。但是，在禾本科植物的“小颗粒”中，有一些喜欢乘着风自由旅行。这些“小颗粒”的种仁太小太小，无法被我们食用。

那结出这些“小颗粒”的植物，岂不是不重要了？才不是呢！结出这些“小颗粒”的禾本科植物中，也有一些对我们人类来说特别重要呢！

甘蔗的“小颗粒”和芒草“小颗粒”的外形极其相似。

芒草的“小颗粒”

甘蔗的茎

对甘蔗茎进行压榨，榨出的甘蔗汁煮干以后可以制成砂糖。

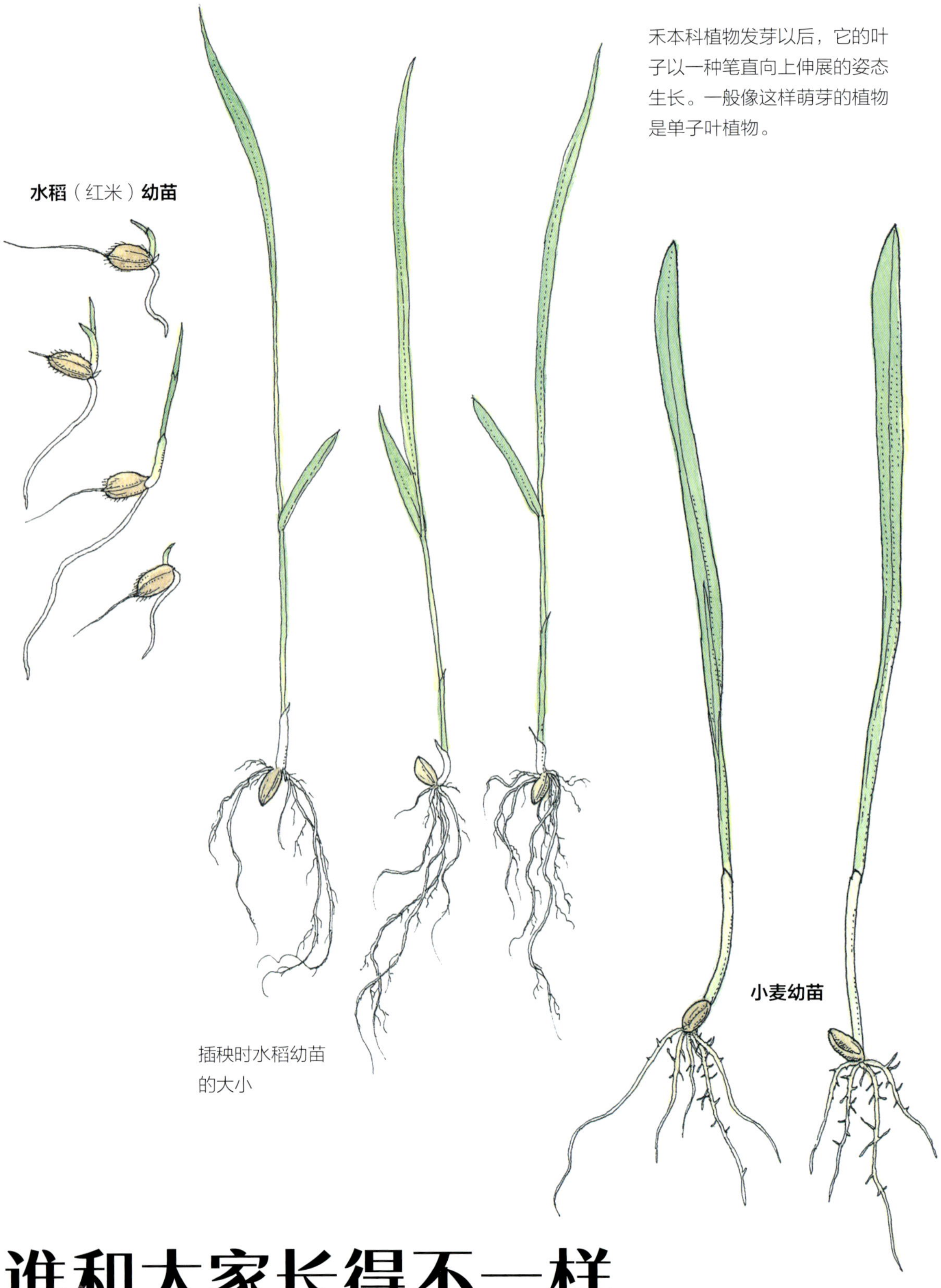

谁和大家长得不一样

把“小颗粒”播种在土壤里，不久之后会发生什么？
看，种子发芽啦！
咦？怎么有一株和大家长得不太一样啊？

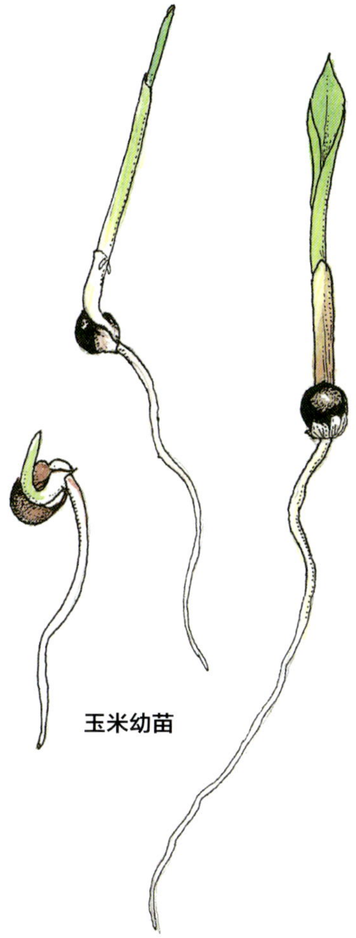

玉米幼苗

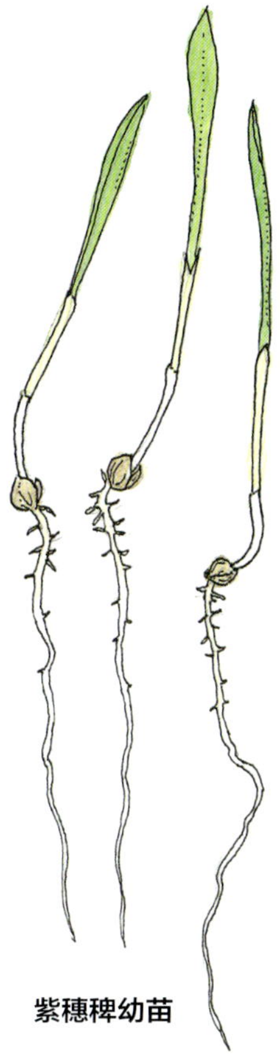

紫穗稗幼苗

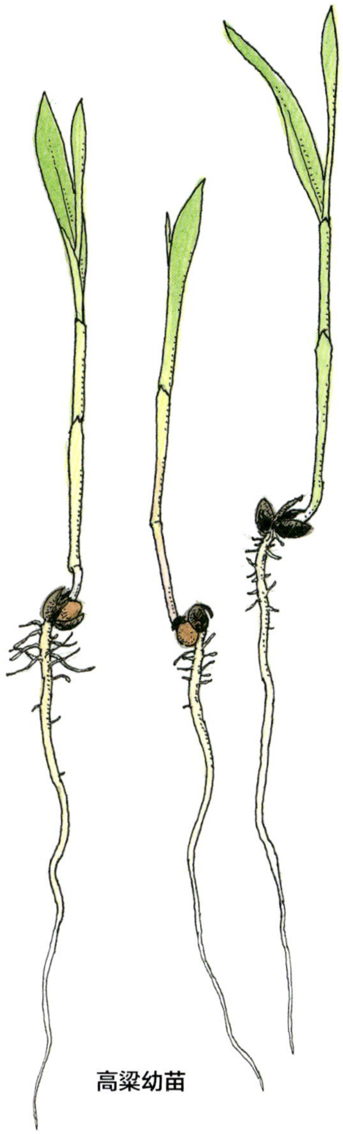

高粱幼苗

各种各样的谷物幼苗

黍幼苗

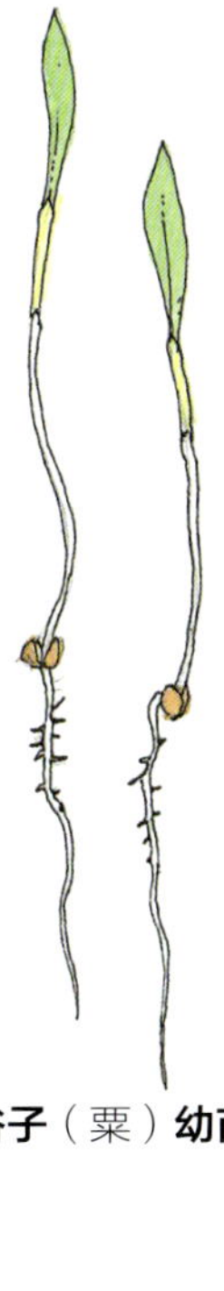

谷子（粟）幼苗

繁穗苋又称老鸦谷，它在发芽的时候会像牵牛花或向日葵那样长出两片叶子。繁穗苋或向日葵就是双子叶植物。

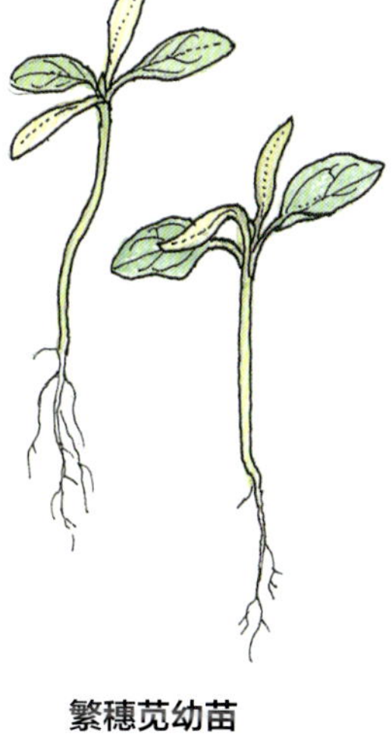

繁穗苋幼苗

原产于美洲的“小颗粒”

稻、麦、黍、粟，它们都原产于亚洲或欧洲。高粱和稗子的原产地在非洲。玉米原产于美洲，那么还有其他原产于美洲的谷物吗？

当然有！

繁穗苋就是原产于美洲的一种谷物。它和稻、麦不同，由于它不属于禾本科，所以尽管它也被算作谷物的一种，但它的样子和其他谷物却完全不一样。

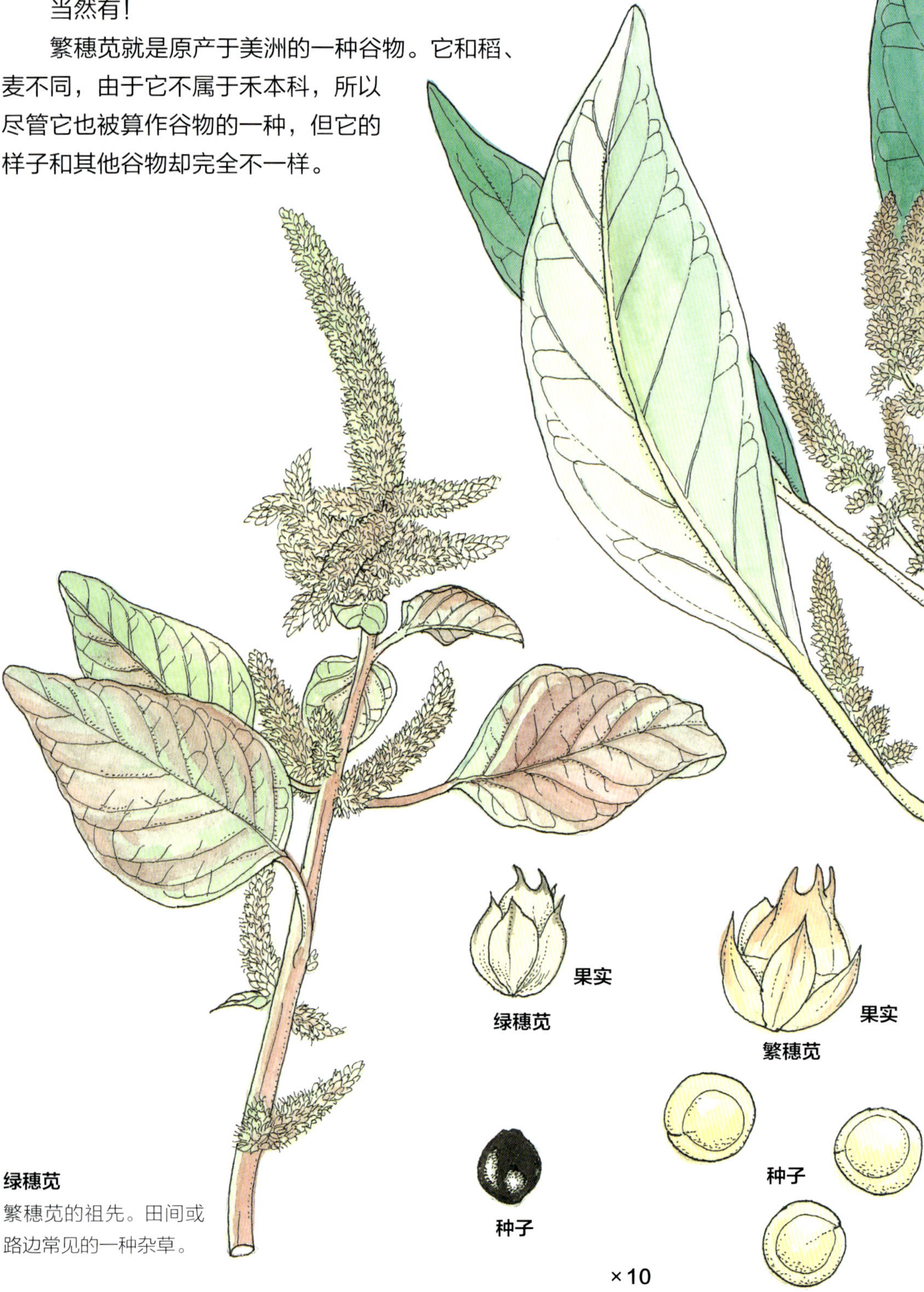

绿穗苋

繁穗苋的祖先。田间或路边常见的一种杂草。

繁穗苋

和绿穗苋外观非常相似，它不属于禾本科植物，而是苋科双子叶植物。

和绿穗苋相比，繁穗苋可以结出更多的“小颗粒”。

×10

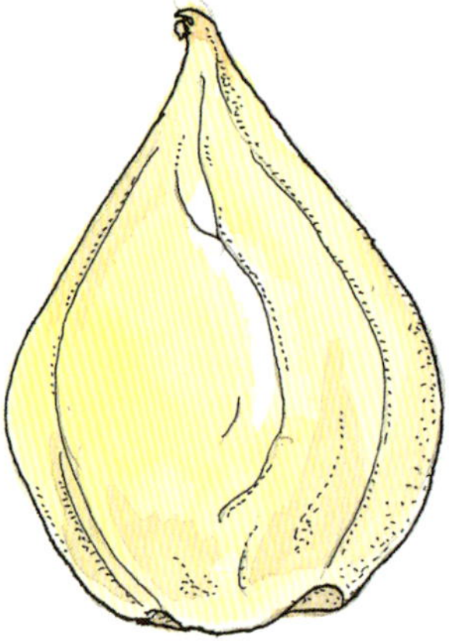

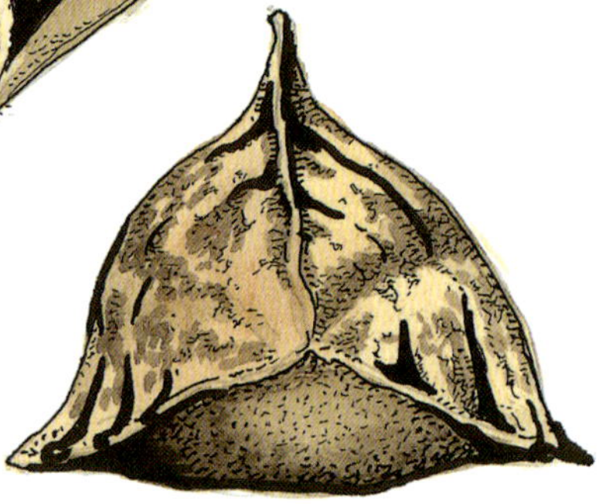

荞麦的“小颗粒”

从顶端看是三角形的。

荞麦的花

荞麦属于蓼科植物。

荞麦的幼苗

火炭母

一种杂草，花、叶与荞麦相似，结出的果实圆形、多汁。

做出爽滑食物的“小颗粒”

拥有滑溜溜的口感，“哧溜”一声就可以咽下去的荞麦面，就是用荞麦这种谷物的“小颗粒”做成的。

荞麦的新芽也有两片叶子，因为它和稻、麦完全分属于不同的植物种属啊！

荞麦

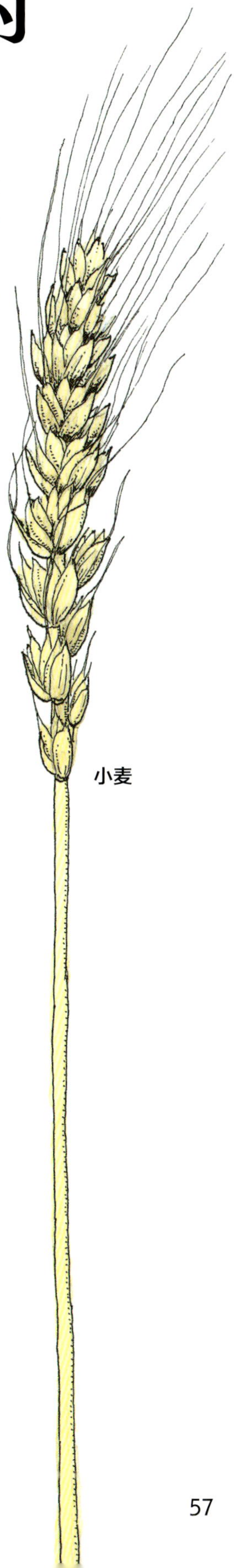

小麦

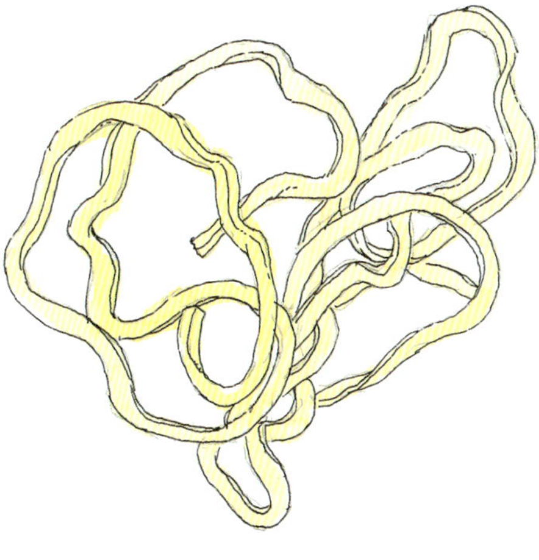

小麦做成的面条。

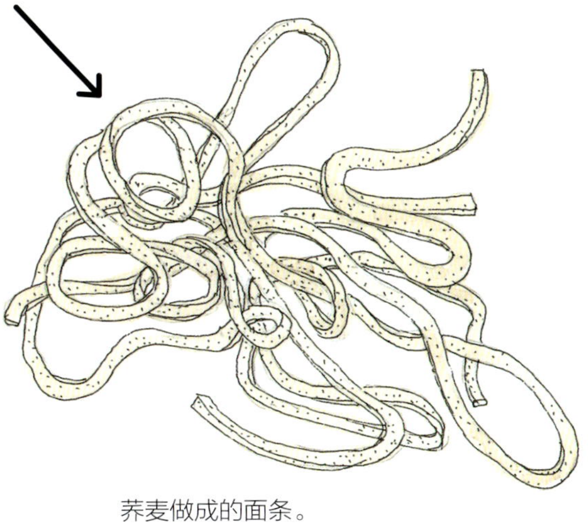

荞麦做成的面条。

榨油的“小颗粒”

无论是米饭还是面包，它们都是用那些充满了淀粉的“小颗粒”制成的。想要让米饭或面包吃起来更香，那就需要油。怎么获得油呢？其实还是从“小颗粒”得来。这些可以榨油的“小颗粒”和许多植物结成了朋友呢！

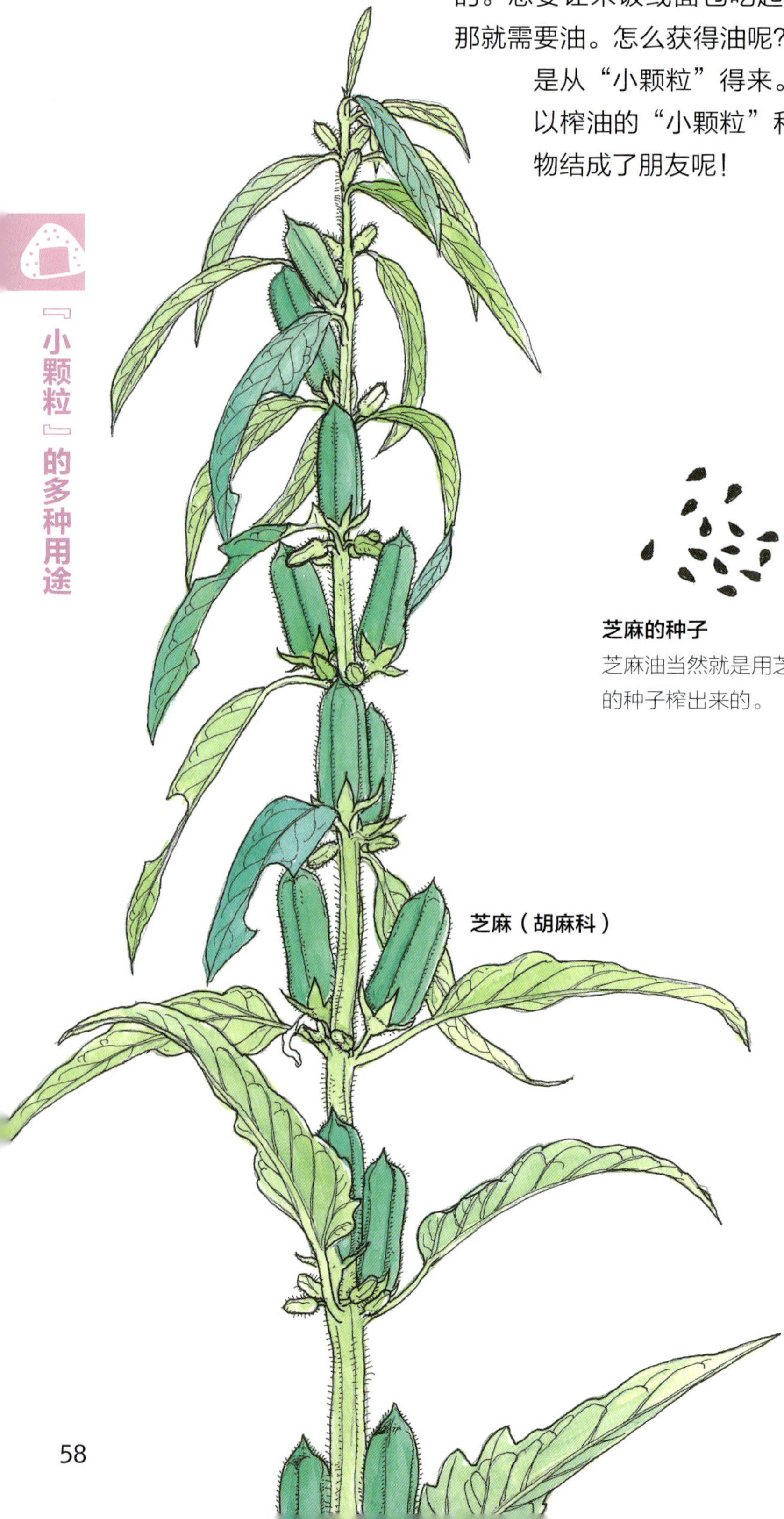

芝麻的种子

芝麻油当然就是用芝麻的种子榨出来的。

芝麻（胡麻科）

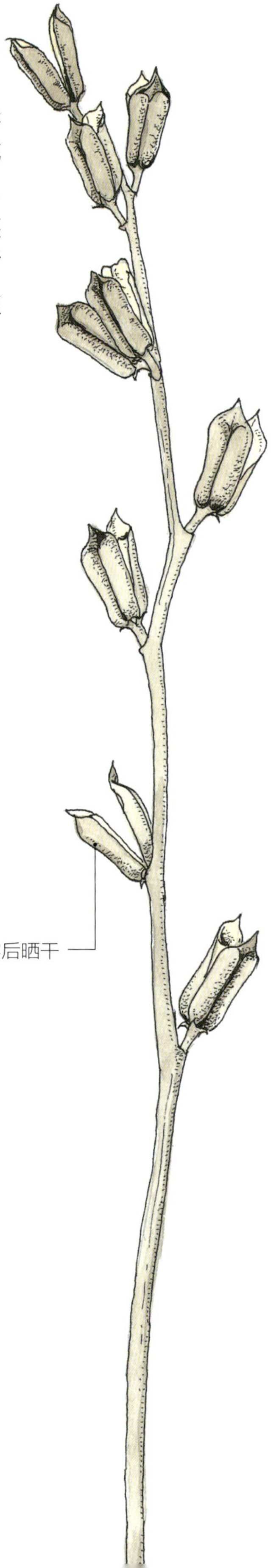

收获果实后晒干的芝麻。

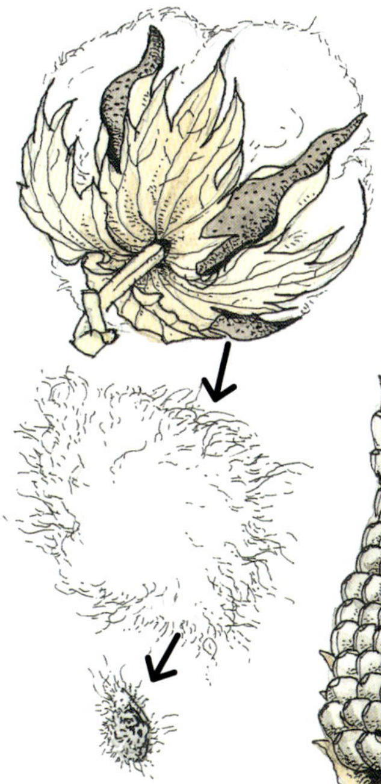

棉（锦葵科）
棉籽油
种子上面长满了可以用来制作衣服的棉毛（俗称棉花）。

玉米（禾本科）
玉米胚芽可以用来榨玉米胚芽油。

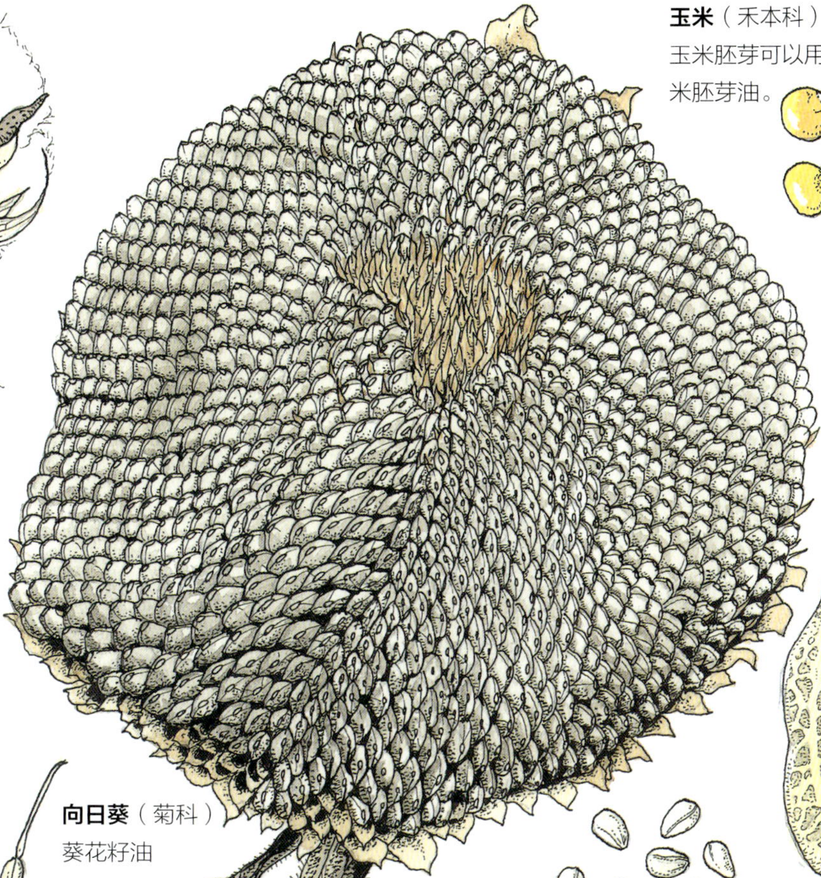

向日葵（菊科）
葵花籽油

向日葵也是一种具有代表性的可以用来榨油的植物。

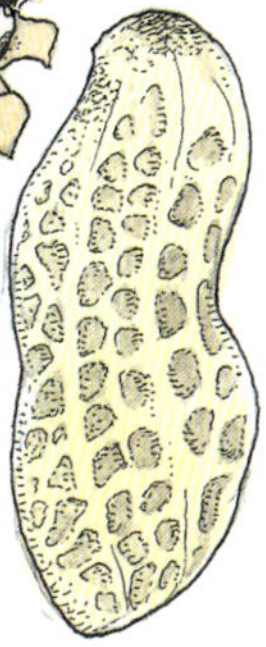

花生（豆科）
花生油

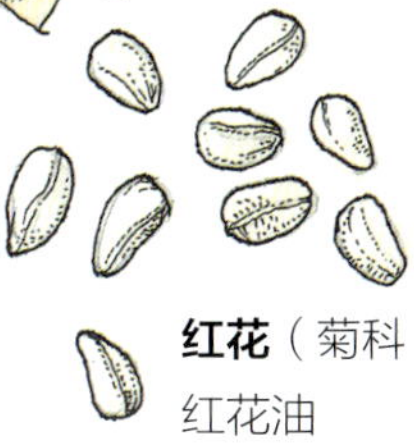

红花（菊科）
红花油

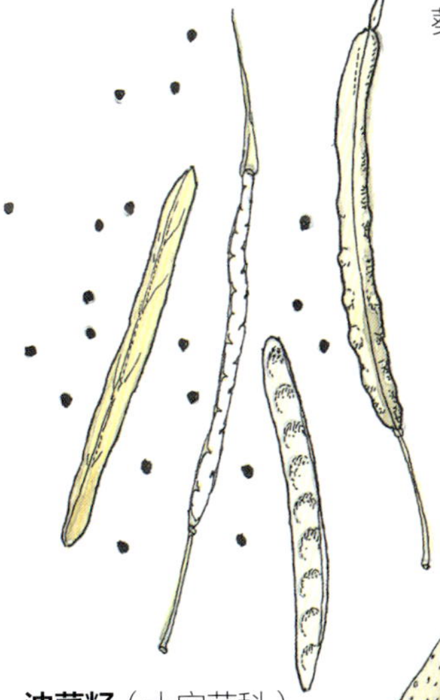

油菜籽（十字花科）
菜籽油的原料。

油橄榄（木犀科）
橄榄油

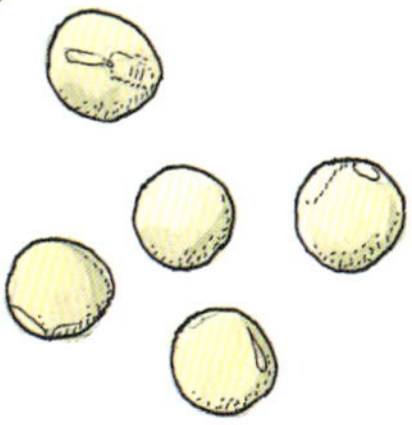

大豆（豆科）
大豆油

你想尝尝哪种食物

谷物原本是野生的植物，由于人们发现它们可以结出那些小小的颗粒，因此人们开始花费漫长的时间，将它们培育成了我们需要的农作物。在人们培育出这些谷物之后，又依据各自的喜好或不同的地域习惯，将这些谷物制作成了各式各样美味的食物。这些小小的谷物中，充满了人类的智慧呢！

你吃过哪种食物？

你想尝尝哪种食物？

粽子（甜）

用竹叶包上糯米和花生等食材再上锅蒸煮。

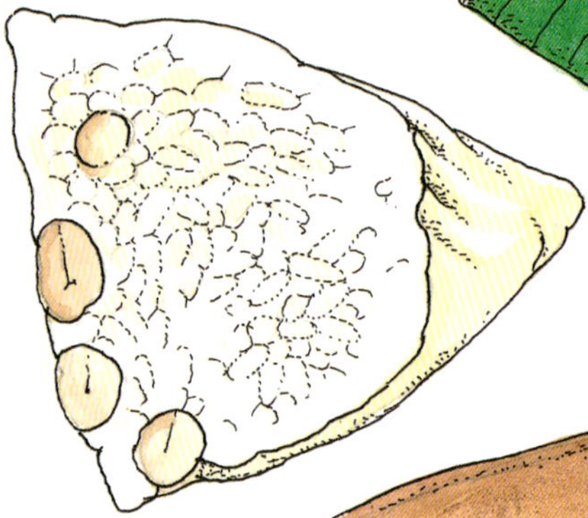

乌贼饭

在清理干净的乌贼身体中放入米，浇上调好的调味汁后煮熟。

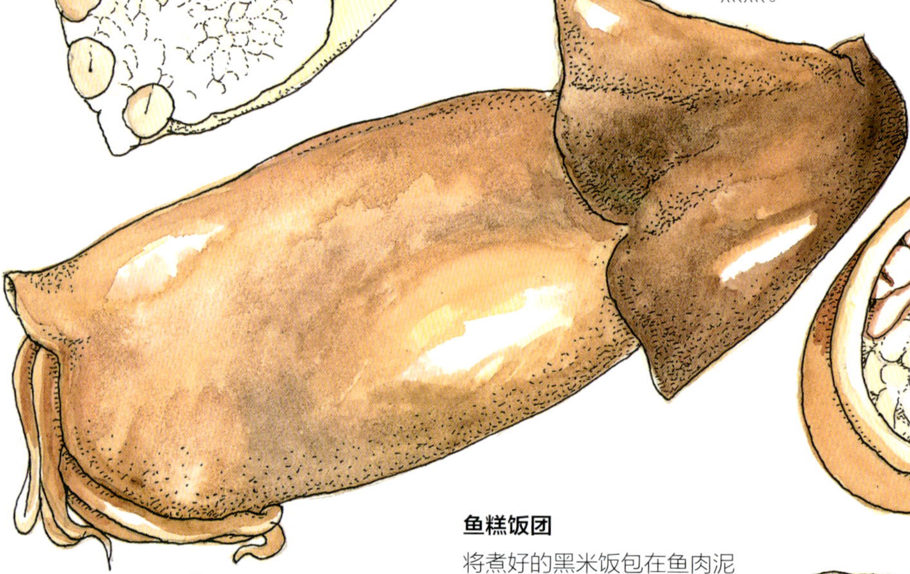

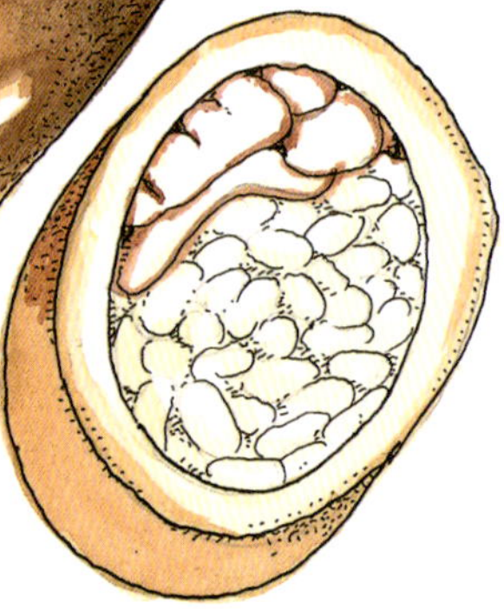

鱼糕饭团

将煮好的黑米饭包在鱼肉泥里面再油炸。

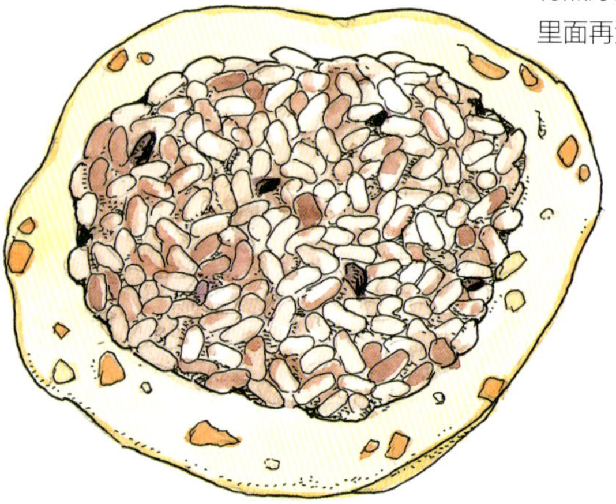

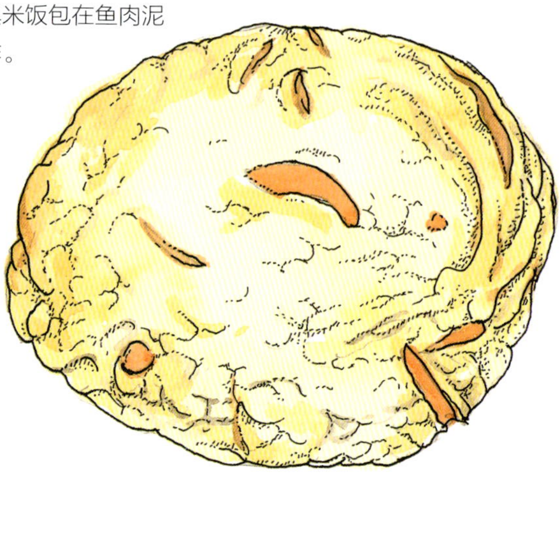

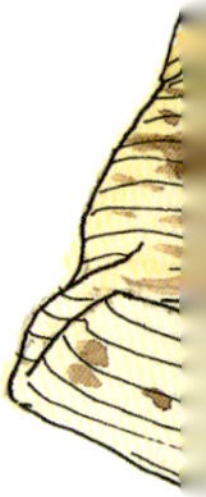

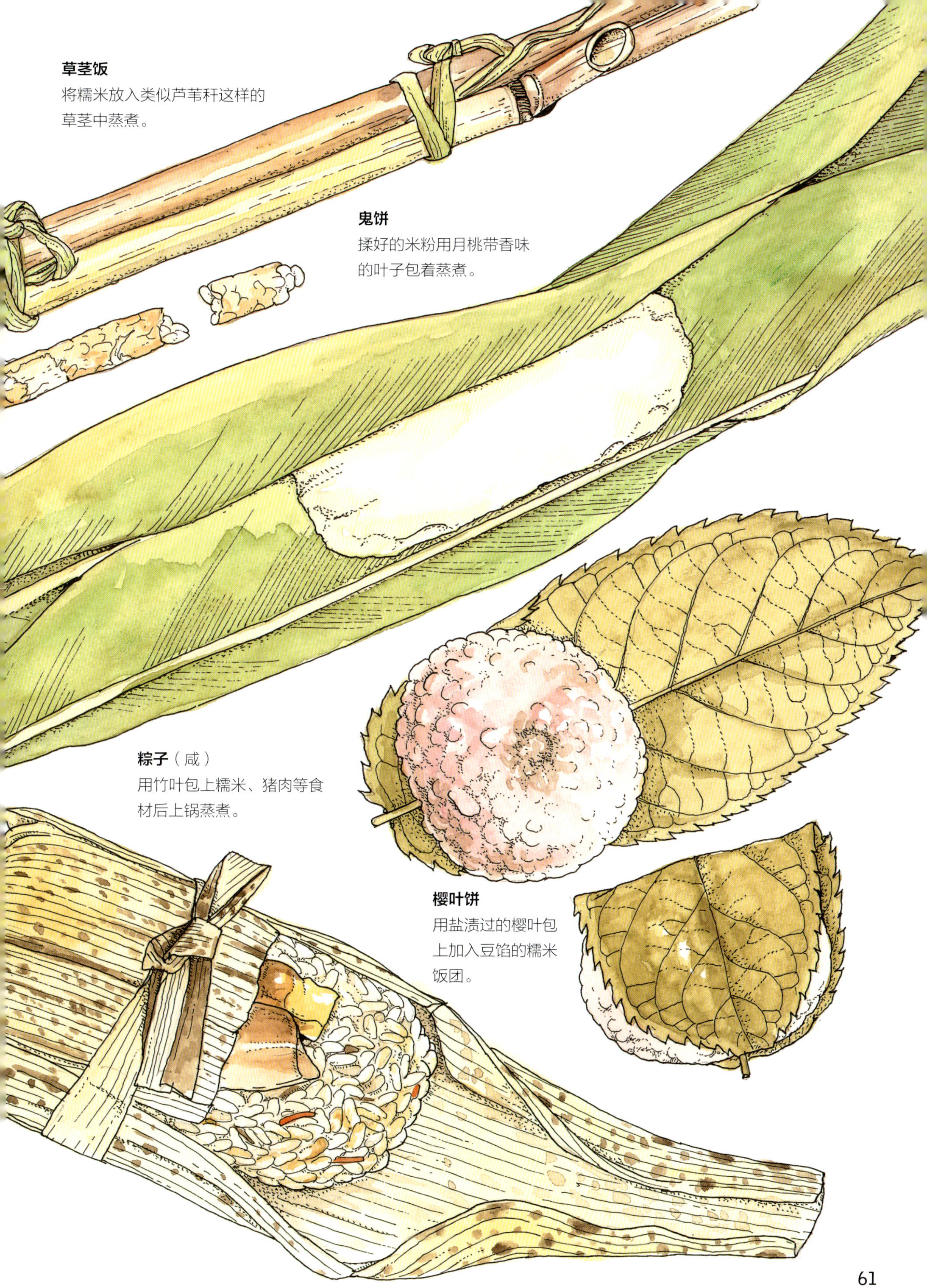

草茎饭

将糯米放入类似芦苇秆这样的草茎中蒸煮。

鬼饼

揉好的米粉用月桃带香味的叶子包着蒸煮。

粽子（咸）

用竹叶包上糯米、猪肉等食材后上锅蒸煮。

樱叶饼

用盐渍过的樱叶包上加入豆馅的糯米饭团。

种稻日记
4月5日
为了耕作预留的稻种
在铁盆里装满水，再倒入食盐
盐水如果能让鸡蛋浮起来，就说明盐水浓度已经合适了
预留的稻种倒入盐水中，选那些沉下去的就对了
用清水仔细冲洗掉稻种上沾着的盐水
把稻种浸泡在60℃的热水中7分钟，为稻种消毒
4月19日
浸水两周左右的稻种
整齐排列在育苗箱里的稻种
5月2日
给水田注水
翻土、碎土、平整水田，这一步叫作平整秧田

答案

你吃过哪些“小颗粒”（第2页）

❶ 高粱 ❷ 黍（黄米） ❸ 紫穗稗 ❹ 薏米 ❺ 小麦 ❻ 燕麦 ❼ 荞麦 ❽ 繁穗苋 ❾ 小米

5月4日
大棚中正在生长的稻苗

5月27日
在插秧机上放好培育好的秧苗

用插秧机把秧苗种在水田里

7月8日
茁壮成长的秧苗

8月5日
盛夏时节盛开的稻花

9月3日
抽出绿色的穗，收割要等一个月之后

10月1日
金灿灿的稻穗静候人们前来收割

10月2日
联合收割机来收割稻子啦

用联合收割机分离下来的稻谷

丰收的稻谷

作者简介

[日]盛口 满

1962年生于日本千叶县，千叶大学理科部生物学专业毕业，外号“螳蜥先生”。自1985年起任职于自由之森学园，担任初、高中部生物课的教师。2000年从该校辞职后，移居冲绳，接着担任NPO法人珊瑚舍学校的教师。2007年任教于冲绳大学人文学部，曾任冲绳大学校长。著作包括《我的收藏：寻找大自然的宝藏》（福音馆书店，后浪引进）、《如何描画生物——观察自然的方法》（东京大学出版会，后浪引进）、《螳蜥先生的蔬菜探险记》（木魂社）、《捡拾采集我的橡实图鉴》（岩崎书店）、《制造泥土的生物——杂木林的绘本》（合著·岩崎书店）等。

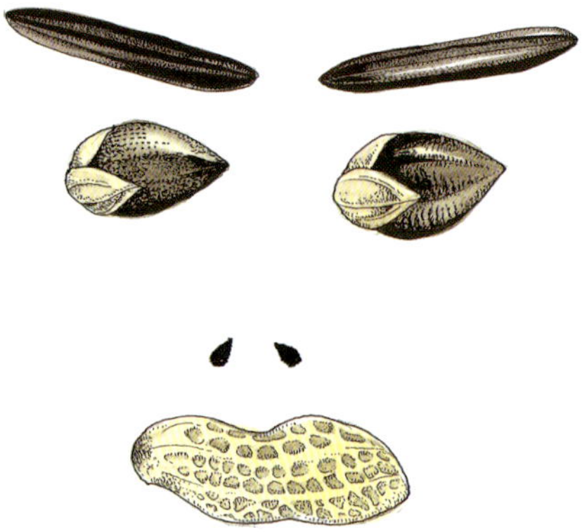

《盛口满的手绘自然图鉴》系列

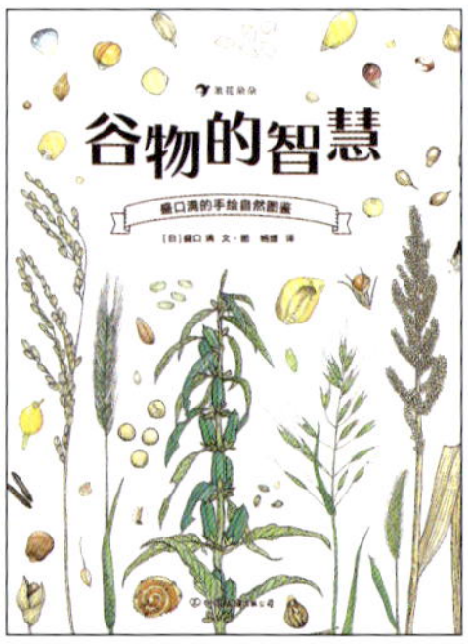

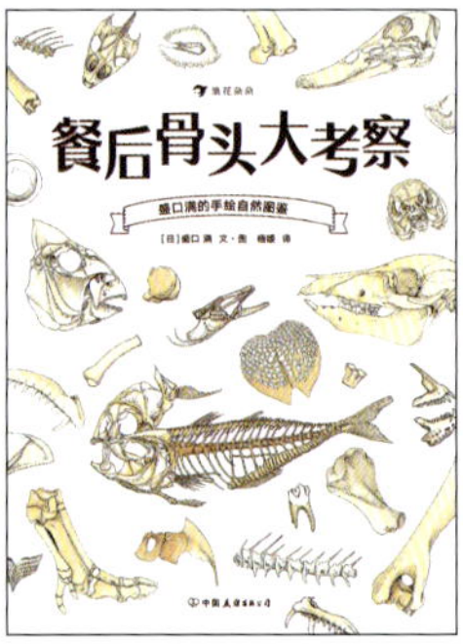

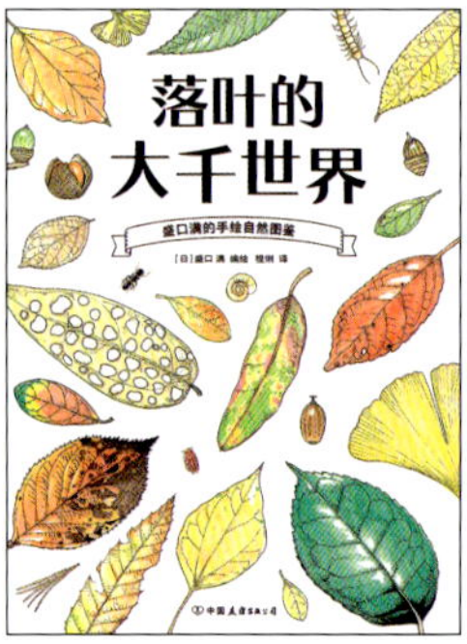

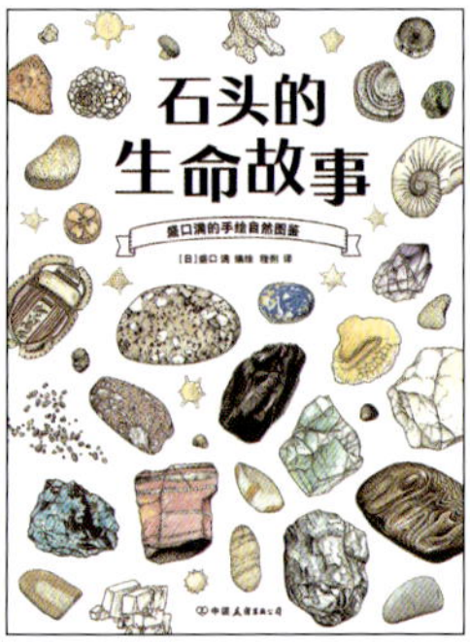

图书在版编目（CIP）数据

盛口满的手绘自然图鉴. 谷物的智慧 / (日) 盛口满文、图 ; 杨媛译. -- 北京 : 中国友谊出版公司, 2019.4（2024.3重印）
ISBN 978-7-5057-4629-9

Ⅰ. ①盛… Ⅱ. ①盛… ②杨… Ⅲ. ①谷物—图集 Ⅳ. ①S6-64

中国版本图书馆CIP数据核字(2019)第040295号

著作权合同登记号 图字：01-2019-0887

书　　名 盛口满的手绘自然图鉴：谷物的智慧
作　　者 [日]盛口满 文・图
译　　者 杨 媛
筹划出版 后浪出版公司
出版统筹 吴兴元
编辑统筹 冉华蓉
责任编辑 周亚灵
助理编辑 高 榕
特约编辑 郭春艳
营销推广 ONEBOOK
装帧制造 墨白空间・唐志永

经　　销 新华书店
出版发行 中国友谊出版公司
北京市朝阳区西坝河南里17号楼
邮编 100028 电话（010）64678009
印　　刷 天津裕同印刷有限公司
规　　格 787毫米×1092毫米 16开
4.5印张 52千字
版　　次 2019年5月第1版
印　　次 2024年3月第6次印刷
书　　号 ISBN 978-7-5057-4629-9
定　　价 49.80元

官方微博 @浪花朵朵童书
读者服务 reader@hinabook.com 188-1142-1266
投稿服务 onebook@hinabook.com 133-6631-2326
直销服务 buy@hinabook.com 133-6657-3072

麦田的一年
小麦的成长

秋
晚秋时节，在麦田里播下麦种。这是种植小麦的开端。
播种不久后，小麦发芽了。
抽出叶片，根扎得更深。
冬
白雪覆盖着麦田。
冬去春来，小麦再度开始生长。
春
茎和叶不断生长，作物不断长高。
初夏时节，小麦开花了。
麦穗渐渐变了颜色。
夏
麦穗变成了金色，
终于到了收获的季节！